Osprey Military New Vanguard
オスプレイ・ミリタリー・シリーズ

世界の戦車イラストレイテッド

20

ドイツ軍装甲車両と偵察用ハーフトラック 1939-1945

[著]
ブライアン・ペレット

[カラー・イラスト]
ブルース・カルヴァー × ジム・ローリアー

[訳者]
齋木伸生

GERMAN ARMOURED CARS AND RECONNAISSANCE HALF-TRACKS 1939-45

Text by
Bryan Perrett

Colour Plates by
Bruce Culver and Jim Laurier

大日本絵画

目次 contents

3 開発
development

17 編成および運用
organisation and method

33 機甲偵察部隊の戦闘行動
armoured reconnaissance in action

25 カラー・イラスト
43 カラー・イラスト解説

◎カバー裏の写真　1943年12月、ロシア、偵察中隊の機甲擲弾兵。イエローとグリーンに仕上げられたSd.kfz.250/1の車体側面前寄りには、国籍マークが描かれているが、あきらかに泥で汚されている。同じく後ろよりに乱雑に白で描かれた「137」の番号も見えにくくなっている。

◎著者紹介　
ブライアン・ペレット　Bryan Perrett
1934年生まれ。リヴァプール大学を卒業。王国機甲軍団、第17/21槍騎兵、ウエストミンスター竜騎兵、王国戦車連隊勤務。国防義勇軍勲章受賞。フォークランド紛争および湾岸戦争中リヴァプール・エコーの軍事特派員を勤める。非常に成功した業績を収めた著述家。既婚でランカシャー在住。

ブルース・カルヴァー　Bruce Culver
1940年生まれ。もとは医学が専門のイラストレイターだったが、第二次大戦中の装甲車両とその塗装にも興味を持ち続ける。スケール模型愛好家の団体、IPMSアメリカの活動的な会員であり、彼の著書『Panzer Colours』と『Panzer Colours 2』がドイツ戦車塗装色の研究書として、高い評価を得ていることでも知られる。

ジム・ローリアー　Jim Laurier
国際的に評価されている航空・軍事関係のイラストレイター。「American Society of Aviation Artists」「New York Society of Illustrations」「American Fighter Aces Association」会員。

ドイツ軍装甲車両と偵察用ハーフトラック 1939-1945年
GERMAN ARMOURED CARS AND RECONNAISSANCE HALF-TRACKS

development

開発

　世紀の変わり目の頃、ドイツ帝国参謀本部は決して愚鈍ではなかったが、同時代の他の者たちより保守的で、将来の戦争も3つのクラシックな兵種、歩兵、騎兵、砲兵によって決せられると考えていた。彼らは機械化による革新を好ましく考えていなかったが、これは彼らの見解によれば、不必要な難題を生み出し、本来力を注ぐべき主要課題への勢力を殺（そ）ぐからであった。しかしこの時代は他国では自動機械の分野で多大な発展が生じた時期であり、軍需省には設計者や製造業者から、ある程度は顧慮するだけの価値があるたくさんのアイデアが洪水のように押し寄せていたのである。

　こうした初期の提案のひとつは、ヴィルヘルム皇帝自身から寄せられたものであった。彼から提案されたものは巨大な装甲機械で、「列線破壊装置」として知られていた。この車両は蒸気動力により4つの車輪で走行し、外形は蒸気釜付2階建て路面電車に似ていて、外側には多数のスパイクが取り付けられ、ネルソン提督時代のフリゲート艦のように、多数の砲門が設けられていた。もし作られたとして、グランドクリアランスは非常に小さく、その接地圧はとても支えられるものではなかったろう。疑いなくこの長老の創造物に対しては、ていねいだがおざなりなコメントがつけられた後、最も手近な書棚にほうり込まれたことであろう。

　皇帝の提案に実現性はなかったが、1904年のパウル・ダイムラーの提案はそれとは違い、その時代としては数歩先んじたものであった。彼のダイムラー装甲車は、エスターライヒェス・ダイムラー・モトーレン株式会社のヴィーナー・ノイシュタット工場で製作され、いくつかの先進的なアイデアが盛り込まれていた。1挺、後に2挺のマキシム機関銃を装備したドーム状の旋回銃塔とか、完全密閉の車体、4輪駆動などである。この車両の重量は3トンで、最大速度は44.8km/h、行動半径は248kmであった。この車体は1905年の演習で、ドイツ帝国とオーストリア・ハンガリー帝国の双方にデモンストレーションされ、優れた性能を示したものの、あまり実用性がないと見なされた。

　もっと関心を集めたのは、翌年にデモンストレーションされた、装甲車両エアハルト5cm BAK（対気球砲）であった。名前

第一次世界大戦終了直後、2砲塔型の装甲車の前でポーズをとるフライコーア（＊）の士官と下士官たち。この時期には治安維持のため、各種の車両が用いられた。興味深いことに中央の士官は上着にパイロット記章をつけており、左前腕の「戦闘車両」のカフタイトルの上には髑髏のパッチ（フライコーア運動の中で広く用いられた記章）が縫い付けられている。(Imperial War Museum)（＊訳注：第一次世界大戦後のドイツの混乱の中で、革命運動を鎮圧するため参謀本部が臨時に編成した義勇軍組織）

が示すように、この車両は当時戦場では当たり前に見られた、観測気球に対して使用されるものであった。これは、かつて若き騎兵隊員として1870年のパリ包囲で、包囲線を越えて脱出した熱気球を空しく追いかけ回し、現在では壮年となった士官連中の関心を呼んだ。またグラーフ・ツェッペリンの経験から、操縦できる飛行船が軍用に使用できる見込みが出てきたこと、そして他の国々も先行するドイツに追いつくであろうことなども大きかった。

エアハルトBAKは、軽トラックのシャシーをベースにして、50馬力のエンジンが搭載されていた。その高射能力は非常に有用であったが、限界として砲が限定旋回であるとか、またとくに大きな欠点は後軸のみの駆動のため機動力が制限されていたことであった。

これらの欠点は、1909年に出現したクルップ・ダイムラー装甲車5.7㎝ BAKでは解消されていた。ただこの車体では弾薬ラックが砲員に非常に使いにくい位置に配置されていたが。車体は前輪がソリッドタイヤで、後輪はチューブ入空気タイヤとなっていた。5.7㎝対気球用装甲車はその年の陸軍演習に参加して注目を浴びた。

1910年クルップ・ダイムラー共同企業体は、BAKの非装甲バージョンを製作し、この車体は軍用に供されることが決まった。非装甲となったのは、装甲防御はこの車体が設計された目的には、ぜいたくな装備と考えられたからである。BAKはあらかじめ目的に合わせて製作された最初の対空戦闘車両であり、第一次世界大戦を通じて広範囲に使用され、ある程度の成果をあげた。

BAKの火器管制はほとんど当てずっぽうにすぎなかったが、目標は非常にゆっくり飛び、きわめて脆弱であったから、至近弾でも弾片で深刻なダメージを与えることができた。機動、固定を含めた全対空システムについて計算したところ、平均して1000発で1機を撃墜できたという。高迎角目標を撃墜するためには、反動によって車体にダメージがおよぶのを防ぐために、ジャッキで車体を固定しなければならなかった。地上目標に対処することも可能であり、何両かのBAKはルーマニアでの先見性のある機械化歩兵戦闘に参加している。これはまさに機甲擲弾兵の任務の先触れとなるものであった。

このように意図と実際の双方において、ドイツ軍は装甲車をもたずに第一次世界大戦に突入したのである。しかし彼らはある程度の機械化を強いられることになる。思い出されなければならないのは、シュリーフェンプランのエッセンスは速度であることである。フランス〜ドイツ国境から大きく旋回する車輪の外縁をなす部隊は、明らかに他の部隊より速

1928年の東プロイセンのドイツ国防軍演習における、ダイムラー「Mannschaftstransportwagen＝装甲兵員輸送車（Sd.Kfz.3)」。これらMTWは、非武装の装甲兵員輸送車両であった。これは連合軍管理委員会が、武装警察だけに本当の装甲車を保有することを認めていたからである。
（Bundesarchiv）

未来的デザインのアドラー偵察車。薄いアルミニウム装甲で防護されていた。この写真は1930～31年にハインツ・グデーリアン(＊)が指揮官をしていた、第3(プロイセン)自動車化大隊の偵察部隊のものである。(Bundesarchiv)
(＊訳注：ドイツ機甲戦術の創始者のひとりというべき人物で、大戦初期に機甲部隊を率いて活躍したが、モスクワ戦の失敗以後ヒットラーと意見が合わず解任された)

く移動しなければならないのである。これはとくに先鋒の騎兵部隊に追従して前進するイェーガー部隊には難しかった。

しかし騎馬に追いついて前進する困難さは忘れられるか、ある程度ごく一部の部隊には限定的な防御力しかない、普通の乗用車が与えられるだけだった。これら自動車化部隊には機関銃チームが含まれ、しばしば騎兵部隊より先行し、重要な橋梁や鉄道交差点等を、撤退するフランス、ベルギー軍が破壊する前に確保した。これら評価はされたが細かい作戦行動に関する詳細は、不運にも大きな出来事が語られる中で忘れられてしまった。

さらに騎兵師団には2つの大型装甲車両が配備された。重量はおよそ10トンでメルセデス・ベンツのエンジンを備え、最高速力は良好な地形なら32km/hを発揮でき、武装には軽野砲か機関銃のどちらかを装備していた。師団の司令官たちは、自分の部隊でも自動車化イェーガー部隊の支援としても、これらの装甲トラックの独立した運用に対する見識をほとんどもっていなかった。代わりにこれらの車両は、主として騎馬部隊の機動火力支援任務に使用された。

ひとたび前線が膠着すると、これらの価値ある車両は、西部戦線ではもはや戦闘に加わることはなくなったが、もう少し流動的な戦場である東部戦線ではいくらか使用された。重タイプ車両の1両は、なんと遅くも1918年10月22日にシリアに陸揚げされている。当時アレンビーの率いるLAMB(軽装甲自動車化大隊)は、打ちのめされたトルコ軍部隊をアレッポに向けて追撃しており、この装甲車はカーン・セビルの近くで小自動車化隊列を護衛している最中にアレンビーの部隊と遭遇した。

しばらくの間メルセデスは持ちこたえたが、その重量とソリッドタイヤは機動戦には不利であり、やがてわずかな起伏で擱座(かくざ)してしまい、乗員は車体を放棄した。その装甲車体は敵銃火を持ちこたえたが、銃防盾は何発か貫通されていた。その上2機のトルコ航空機の到着は状況を悪化させた。彼らは識別できずに無差別に撃ちまくったのである。

戦争初期のイギリス軍、ベルギー軍装甲車部隊の成功は、ドイツ参謀本部に大きな印象を与え、1915年に彼らはかなりのんびりした話だが、装甲車開発部局を創設したのである。ダイムラー、エアハルト、ビューシングの3つの製造業者が設計案をまとめることを命じられた。要求仕様は4輪駆動、大きいグランドクリアランスに後部操縦席の追加で、これは何かトラブルの際にすぐにバックで走行して脱出するためのものである。

3つのプロトタイプ、ダイムラー/15装甲車、エアハルト/15装甲車、ビューシング/15装甲車は、すべて1916年の初めまでに完成したが、これらは過大な設計要求によって生み出された興味深い見本であった。それらはみな巨大で、ビューシングのモデルなど全長が10mを超えており、ロールス・ロイスの狼のような精悍さはなかった。その重量は9～10トンで、7～9mmの装甲板で防護されていた。武装は3挺の機関銃で、固定式砲塔と車体には機関銃用にいくつかの射撃ポートが設けられていた。費用対効果を考える上で搭乗す

ポーランド戦役中に撮影された、歩兵師団偵察大隊に配備されているSd.Kfz.13（＊）「風呂桶」。白く塗りつぶされた国籍マークは射撃の良い的で、後に黒で塗りつぶされた（＊＊）。(RAC Tank Museum)
（＊訳注：Kfz13）（＊＊訳注：黒以外にも泥などで見えにくくされた）

る乗員の数があるが、車長、2人の操縦手、6人の射手が乗っており、これは明らかに過大であった。

　これらの設計案は承認され、これらの車体が最初のドイツ軍装甲車部隊、第1自動車化機関銃大隊の土台を形成することになった。1916年にこの部隊はヴェルダンとその他西部戦線で戦闘に加わったが、この年の秋にはフォン・シュメトウ将軍の率いる騎兵部隊とともに成功したルーマニア戦役に参加した。

　1917年7月、おそらく最初の目的に合わせて製作された装甲車同士の戦闘が生起した。ケレンスキーの失敗に終わった7月攻勢で、オリバー・ロッカー・ランプソン司令下のRNASの装甲車部隊はブレズノ戦区でロシア軍の攻撃を支援し、敵塹壕線を縦撃するため主要道路に沿って攻撃を繰り返した。あるとき彼らは見慣れないデザインの装甲車が道をふさいでいるのに気がついた。そして両車ともに600ヤード(550m)で銃火を開いた。どちらも相手側に被害を与えることはできず、戦闘は行き詰まったが、ランチェスターの戦闘を支援するために3ポンド砲で武装した、重シーブルクが派遣されると、敵車両はバックで自分の戦線内に戻った。危険を冒してひとりのRNAS兵士がドイツの装甲車をスケッチしている。これはあまりちゃんとしたものではないが、イラストによればこの車体は全長が長く4輪で左右対称のデザインであり、該当するのはビューシングしかない。

　戦争の残りの期間、技術的発展と装甲車部局の拡大は、非常に緩慢なものであった。1917年にエアハルトは彼らの1915年型の改良型を製作した。この車体は旋回式機関銃塔を備え、車体重量を1.7トン減じていた。何両かには無線機も装備されていたが、これは停止時にしか使用できなかった。このかさ張る装備は乗員には好評でなかった。閉所恐怖症的観点からは、すでに内部はギュウギュウ詰めだったのだ。しかし装甲車を装甲観測車として使用するというのは、注目すべき前進であった。最初の生産車体は、第2、第3、第4、第5、第6装甲車機関銃小隊に配属されたが、それぞれの小隊は2両の装甲車と支援輸送隊からなっていた。

戦間期
The Inter-war Years

　休戦によってドイツはきわめて不安定な状態に投げ出された。スパルタキスト（訳注1）は

訳注1：第一次世界大戦後ドイツで社会主義革命をたくらんだ一派。

訳注2：ロシア革命を扇動した暴力的社会主義者の一派。

訳注3：1920年6月21日、連合国とドイツの間で結ばれた講和条約。フランス・パリ郊外のヴェルサイユ宮殿で結ばれたためこの名前がある。ドイツ領土の縮小と海外植民地の放棄、軍備制限、戦争責任をすべてドイツに負わせ、莫大な賠償金を課するなど、ドイツ懲罰色のきわめて濃い条約で、後にヒットラー台頭の遠因ともなった。

訳注4：ヴェルサイユ条約の軍事条項履行監視のために設けられた国際委員会。

ベルリンで蜂起し、その他の地域でも暴動を組織し、さらにドイツの東側国境周辺では、ボルシェビキ(訳注2)の影響でドイツの権益が脅威にさらされていた。

この時期にはダイムラー、エアハルト、ビューシングの装甲車は、その他ローカルメイドの装甲化された民間車両とともに、治安維持部隊やフライコーアで使用された。フライコーアというのは、旧士官および兵士の一団で、自発的に秩序が回復するまで任務についた人々の集団である。不幸にも一部のフライコーア司令官の過激なふるまいで、彼らは本質的に民族主義的運動と誤解されるようになってしまった。

1920年のヴェルサイユ条約(訳注3)の制限は、第二次世界大戦を不可避としただけであった。その軍事条項は陸軍の全兵力を10万人に制限し、将校団を4万人から4千人に減少させた。必然的にその最良の部分だけが残され、彼らは彼らの実際の階級より2ランク上の訓練を受けるようになった。それは陸軍拡大の時期がきたときに、実に効率的な組織を作ることに役立った。

この縮小のさらなる、そして予見しえなかった影響は、最良の軍事的才能をきわめて効率的なシンクタンクとして集結させたことで、彼らはドイツの敗北の技術的要因を徹底的に分析し、新しい機械化戦争の意味するところについて、とくにこの問題に関するイギリスの著述家の理論を、深く研究した。

しかしこの間こうした理論の実行可能性についてテストすることは、ほとんど不可能だった。というのは軍事条項は、何両かの装甲兵員輸送車を除いては、陸軍がいかなる装甲車両をも保有することを禁じていたからである。このためダイムラーが開発したMannschaftstransportwagen (Sd.Kfz.3)(あるいはMTW)や、その他の装甲車両はすべて非武装で後輪はステアリングしなかった。この車体は乗員3名に12名の小銃兵を搭載することができ、国防軍の7個自動車化大隊にそれぞれ15両ずつが配備されることとされた。

しかしドイツ政府は一般警察を支援するため武装警察と呼ばれる15万人の武装兵力を設立し、これらの組織はドイツの各州に分属された。1918～1919年の暴動の後連合軍管理委員会(訳注4)は、もはや武装警察の装甲車に支援された作戦行動に口を挟まなくなった。ただしその人数は各州あたり1千人に制限された。

その車両はSchutzpolizei Sonderwagen(武装警察特殊目的車両)と記述されるが、普通はもっと短くSonderschupowagenと呼ばれた。この車体はダイムラー、エアハルト、ベンツで製作され、機関銃を装備した2つの機関銃

1936年の陸軍演習におけるSd.Kfz.13(＊)「風呂桶」。このダックスフンドはそんなに印象深いものではない。
(Bundesarchiv)
(＊訳注：Kfz13)

Sd.Kfz.222軽装甲車。砲塔上の対手榴弾避け金網が開かれている。この車体は北アフリカで撮影されたもので、標準的な武装として20mm機関砲1門と7.92mm機関銃1挺を装備していた。全体にダークイエローが吹き付けられているが、ハッチの内側にはオリジナルのパンツァーグレイが見えている。(RAC Tank Museum)

　塔、車長用キューポラ、後輪操舵装置を備えていた。もし戦争が始まれば、これらの車両はほとんど疑いなくすぐに陸軍に引き渡されるであろうに、不思議なことにごく少数の者がそれらが軍務に用いられることに気がついているだけだった。

　いまや乗馬騎兵はその伝統的な偵察任務では、非常に限られた役割しか果たせないことは明らかとなっていた。この任務はますます装甲車によって遂行されるようになっていった。その将来の必要性を予想する中で、国防軍は第一次世界大戦中のものや武装警察特殊目的車両のような設計を好まなかった。これらは市街戦に適したもので、彼らはその代わりに高速不整地走行能力を高めることに腐心した。

　ドイツ国内に置かれた管理委員会の活動を避けるためとその他多くの実用上の理由で、秘密の試験場がロシアとドイツのラッパロ条約(訳注5)の秘密協定に基づきロシアのカザンに設けられた。ダイムラー＝ベンツとマジルスはそれぞれ全輪駆動、前後に操縦席を持つARW(8輪装甲車)を製作し、ビューシングは同様の能力を持つZRW(10輪装甲車)を提供した。見込みのある方向に沿って開発は続けられたが、世界恐慌によって開発は打撃を受けた。世界恐慌はとくにドイツに強い衝撃を与えた。しかしここで学ばれた教訓は、後に役立つことになる。

　10年が経過してMTWは、他の装輪装甲兵員輸送車に代替または補充された。この車両は4輪アドラースタンダード6ローリーの軽装甲バージョンで、機関銃が装備されたキューポラが取り付けられていた。この車体は偵察車両として使用されることが想定され、1930～31年にハインツ・グデーリアン中尉が指揮官をしていた、第3(プロイセン)自動車化大隊偵察小隊に配備された。

　アドラー4×2輪駆動車体もまた、軽、オープントップで機関銃1挺を装備した偵察車両、Sd.Kfz.13(訳注6)のベースとして使用された。本車は見てわかるように「風呂桶」として知ら

訳注5：1922年4月ラッパロで結ばれた条約。ドイツと同様ロシアは革命で国際社会からつまはじきにされ、その結果この2国が結んだもので、両国の友好と経済協力を定めていた。

訳注6：Sd.Kfz.13ではなくKfz13で、1932年から34年に147両が生産された。

訳注7：70km/hとする資料もある。

訳注8：Sd.Kfz.14ではなくKfz14で、1932年から34年に40両が生産された。

訳注9：Sd.Kfz.221は1935年から1940年5月までに339両が生産された。

訳注10：90km/hとする資料もある。

訳注11：前面14.5㎜でその他は8㎜。

訳注12：銃の口径が先端に行くにしたがって小さくなり、発射された弾丸は口径の減少に合わせて絞り込まれ高い初速で撃ち出される特殊な方式。

訳注13：Sd.Kfz.222は短距離用無線機を装備していた。

訳注14：Sd.Kfz.222は1936年から1943年6月までに989両が生産された。

訳注15：Sd.Kfz.222の乗員は基本的に3名である。

訳注16：Sd.Kfz.223は1935年から1944年1月までに550両が生産された。

訳注17：Sd.Kfz.260およびSd.Kfz.261は、1940年11月から1943年4月までに493両が生産された。

れるが、8㎜の装甲をもち2名の兵員が乗車した。最高速力50km/h(訳注7)もその不整地走行能力もそれほど印象的なものではなかった。

　本車は1933年に騎兵部隊に配属されたが、第二次世界大戦の勃発時には歩兵師団の偵察大隊に配属変えになっていた。ポーランド戦役ではもはや第一線で使用することに適していないことがはっきりし、その後占領諸国の治安維持任務に転用された。無線車バージョンのSd.Kfz.14(訳注8)は、フレームアンテナが取り付けられ、追加の兵員が乗車していた。

　「風呂桶」を代替する車両の開発作業は1935年に開始され、2年後にSd.Kfz.221軽装甲車(訳注9)が出現した。この車体はドイツで後部にエンジン、75馬力のホルヒエンジンを配置した最初の装甲車であった。最高速度は73.6km/hであった(訳注10)。本車は4輪駆動4輪操舵で独立したコイルスプリングのサスペンションをもっていた。14.5㎜の傾斜装甲板(訳注11)で防護され、小型のオープントップの機関銃塔には7.92㎜機関銃1挺が装備されていた。いくつか後のバージョンでは、機関銃の代わりに2.8㎝重対戦車銃を装備していた。同銃は減口径式(訳注12)の対戦車ライフルであった。乗員は車長と操縦手からなる。

　Sd.Kfz.222は221から直接開発され、1938年から機甲偵察大隊で運用が開始された。基本設計上の主要な改良点は、20㎜機関砲と同軸に7.92㎜機関銃を装備したより大型の砲塔を装備したことである。またこれもバージョンによって2.8㎝重対戦車銃を装備していた。221同様砲塔はオープントップだが、対手榴弾避けに車長の頭上を覆うことができる、開閉式の金網の屋根が取り付けられていた。

　何両かは無線機が装備されていたが、それらは20㎜機関砲が装備されていなかった(訳注13)。222は221より多数が生産され(訳注14)、おそらく第二次世界大戦中の最も記憶に残るドイツ軍軽装甲車であろう。乗員は車長と操縦手となっており、無線車型では無線手が加わる(訳注15)。

　同じシャシーを使用したシリーズとして、3名乗車のSd.Kfz.223装甲偵察車(無線)が製作され、222と同時期に出現した(訳注16)。本車はSd.Kfz.222と同じ車体を使用していたが、1挺の7.92㎜機関銃だけを装備した小型の機関銃塔を備えており、標準装備として無線機を搭載し、折り畳み式のフレームアンテナを装備していた。

　シリーズの最後は2つの無機関銃塔バージョンである。これはSd.Kfz.260およびSd.Kfz.261小型装甲無線車である(訳注17)。本車はSd.Kfz.221の車体をベースにしている。260はロッドアンテナを装備し、261はフレームアンテナを装備していた。両車ともに乗員は車長、操縦手、2名の無線手である。

　一般のこのシリーズの車両は路上で使用する限りは高速で機動性も高かったが、不整地走行能力は貧弱だった。生産は

Sd.Kfz.222の20㎜機関砲砲塔上の対手榴弾避け金網のディテール。同軸の7.92㎜機関銃は取り付けられていない。(RAC Tank Museum)

1942年に停止されたが、多くの軽装甲車が終戦まで現役に留まった。ときには単純にホルヒシリーズと呼ばれることもあるが、実際にはそのコンポーネントは多くの製造業者で製作されており、エルビングのシチャウ社、ハノーヴァー・リンデンのニーダーザクセン機械製作所で組み立てられた。

その間同時に重装甲車シリーズも開発された。開発作業は1930年に始まり、手始めにダイムラーG3 6×4商用車両シャシーが使用された。これは1932年にSd.Kfz.231重装甲偵察車(6輪)として完成した。この車体が商用車の子孫だということは、エンジンが前部にあるレイアウトで明らかである。そして後2軸だけが駆動した。操舵は前軸だけだった。

後部にも操縦席が設けられ、操縦手は同様にハンドルを使って操縦することができた。68馬力ダイムラー、70馬力マジルス、65馬力ビュッシングの3つのタイプのエンジンが使用され、路上最高速度はおよそ60km/hを発揮できた(訳注18)。装甲は14.5mmが基本で、良好に傾斜していた。砲塔は全周旋回式で、20mm機関砲1門と同軸に7.92mm機関銃1挺を装備していた。乗員は4名が搭乗した。

無線車バージョンとして、Sd.Kfz.232重装甲偵察車(6輪)(無線)が開発された。よく目立つベッドの枠型のフレームアンテナを、車体上部に装備していた。アンテナは車体後部に2カ所の固定具で取り付けられていたが、前部は砲塔上に設けられたアームの旋回する中心軸に取り付けられていて、砲塔が全周旋回できるようになっていた。これらの装備のため、Sd.Kfz.232はSd.Kfz.231よりわずかに重くなっていた(5.9トンに対して6.15トン)(訳注19)。

指揮車型はSd.Kfz.263重装甲無線車(6輪)(訳注20)で、232によく似ていたが、固定砲塔に7.92mm機関銃1挺しか装備していなかった。重量は5.75トンで、乗員は5名である。

6輪装甲車の設計上のユニークな特徴は、グラウンドローラーを装備していたことである。ひとつのローラーは車体前端直下に取り付けられており、スロープを上るときや溝の深い傾斜に入り込むときに、車体がつっかえないようにするためのものである。2つ目は前輪と後輪の間の車体下部にあり、車体の腹が地面に着かないようにするためのものである。ただそうであっても、その不整地走行能力は貧弱だった。その主要な理由は、前軸が

訳注18：70km/hとする資料もある。

訳注19：Sd.Kfz.231およびSd.Kfz.232は、1932年から1937年までに123両が生産された。

訳注20：Sd.Kfz.263は、1932年から1937年までに28両が生産された。

Sd.Kfz.223無線車。防暑帽が使用されていることと、かなり雑然とした装備品の積み方で、アフリカ軍団がリビアに到着した直後に撮影された写真とわかる。この車体は明らかに指揮車両として使用されているもので、スタンダードのフレームアンテナとともに、張り線用ポールアンテナが立てられている。(Bundesarchiv)

駆動しなかったことである。

これらの車体は、常に暫定的なものと見なされた。本車は機甲偵察大隊に配備され、1939年と1940年にポーランドとフランス戦役に参加したが、やがて退役するか占領諸国の治安維持部隊に再配属された。

1943年、チュニジアにおけるSd.Kfz.222。2年の砂漠の戦いの後で、きちんとした手際のよい荷物の積み方から、もうルーチンワークになっていることがわかる。葉っぱの緑がいくつかカモフラージュに追加されているが、チュニジアの春は景色がまったく変化するのである。(Bundesarchiv)

実験的な8輪装甲車による経験や、6輪装甲車の作戦能力不足が明らかになったことにより、装備の調達に責任を負っていた兵器局を後押しし、陸軍にどんな種類の重装甲車両が必要かを決断させた。仕様では、後部にエンジンがあり、前後に操縦席を持つ8輪装甲車で、全部の車輪が駆動および操舵されるものというものであった。1935年キールのドイッチュベルクが開発の任にあたることになり、シシャウが標準車体の組み立てを行った。

新しい車両は1938年には、機甲偵察大隊でSd.Kfz.231(6輪)と交替し始めた。いくらか混乱させられるが、この車体の名称はSd.Kfz.231(8輪)(訳注21)と呼ばれる。このころの特殊目的車両番号は、車両の設計にではなく、使用目的に与えられていたのである。唯一言及されているのは、車輪の数だけである。

231(8輪)の重量は8.15トンで、動力はビューシング155馬力(後に180馬力に強化された)エンジンで、路上最高速度は85km/hであった。予想されたことだが、そのトランスミッションと動力伝達機構の設計は複雑なものであった。各輪は縦置きリーフスプリングで独立して懸架され、不整地走行能力は装軌車両に匹敵した。外見的によく目立つ特徴は泥よけの配置で、各泥よけは2輪ずつを覆っていた。

傾斜装甲の基本的な厚さは14.5mmだったが、前面装甲板の厚さは後に30mmに強化された。砲塔には20mm機関砲1門と7.92mm機関銃1挺が同軸に装備されていた。無線車型のSd.Kfz.232(8輪)(無線)は、Sd.Kfz.232(6輪)と同様のフレームアンテナをもち、0.2トン重量が重かった。231(8輪)と同様乗員は4人で、武装は20mm機関砲1門と7.92mm機関銃1挺である。

無砲塔の指揮車両、Sd.Kfz.262(8輪)(訳注22)もやはり開発された。5人の乗員を防護するためにその車体は若干かさ上げされた(訳注23)。固定式のフレームアンテナが取り付けられていたが、戦争途中から単純なロッドアンテナに変更された。機関銃1挺を取り付ける基部が設けられていたが、機関銃は常に装備されていたわけではない。Sd.Kfz.263は6輪バージョン、8輪バージョンともに、機甲偵察大隊の通信部隊および機甲通信大隊に配備された。

戦争中の設計
Wartime Designs

本シリーズで最後に出現した車体はまた別の無砲塔バージョン、Sd.Kfz.233重機甲偵察車75mmである(訳注24)。本車は1941年に運用が開始されたもので、24口径75mm榴弾砲を装備しており、近接支援任務に使用された。榴弾砲はオープントップの戦闘室の前部に搭載されていたが、旋回は限定されていた。副武装は装備されていなかったようだ(訳注25)。

訳注21:Sd.Kfz.231およびSd.Kfz.232は、1936年から1943年9月までに607両が生産された。

訳注22:Sd.Kfz.262は、1938年4月から1943年4月までに240両が生産された。

訳注23実際は、砲塔の位置に上部構造物が追加されている。

訳注24:Sd.Kfz.233は、1942年から1943年に109両が生産され、10両がSd.Kfz.231/232から改造された。

訳注25:副武装としては通常MG34機関銃1挺が携行された。

233は機甲偵察大隊重中隊の牽引式75mm榴弾砲を代替した。8輪式のSd.Kfz.231〜233シリーズは全戦争期間中現役に留まったが、生産は1942年に停止されている。

ドイツ軍はまだ北アフリカ戦役に参加していなかったにもかかわら

1941年夏、ロシアへの前進の最中に撮られた前線でのスナップショット。拍車をつけた騎兵あるいは輸送用操縦手の様子は、馬から装甲車への変更が、Sd.Kfz.222の乗員にとって恵みとばかりいえなかったことを表しているようだ。

ず並々ならない予見力によって、兵器局は1940年8月に熱帯地で使用することを意図した重機甲車の設計作業を開始した。チェコの会社であるタトラは、220馬力の出力を持つ空冷V-12ディーゼルエンジンの製作を依頼され、そのプロトタイプは1941年の終わりには完成した。ビューシングが車体の製作を担当した。この車体は231（8輪）とよく似ていたがモノコック構造となっていて、別体のシャシーは必要なかった。ダイムラー－ベンツとシシャウが砲塔の製作を担当した。

本車はSd.Kfz.234/1として1943年に制式化され、この年の7月から量産された(訳注26)。燃料搭載量が増したことで行動半径は、231（8輪）シリーズのほぼ倍となった。そしてより大直径のタイヤを使用したことで、目覚ましい不整地走行能力が得られた。重量は10.33トンと231より20パーセント増していたが、路上最大速度はわずかに低下しただけだった。

車体および砲塔の前面装甲厚は30mmで、砲塔側面および後面装甲厚は14.5mm、車体側面装甲厚は8mm、車体後面装甲厚は10mmであった。砲塔はオープントップで、222軽装甲車と同様の金網の枠が取り付けられていた。武装は1門の20mm機関砲と、同軸に7.92mm機関銃1挺が装備されていた。無線機はいまや標準的に装備されるようになった。

ドイツの装甲車乗員にとって最も一般的な不満は、やむなく戦闘しなければならないとき、その武装がとても十分とはいいがたかったことである。このアンバランスは、Sd.Kfz.234/2重装甲偵察車（50mm）プーマによって、ある程度埋め合わされた(訳注27)。本車はⅢ号戦車J、L型が装備していたのと同じKwK39 50mm L/60戦車砲を装備していた。

同砲にはマズルブレーキが取り付けられていたが、これはどうしても必要な装備だった。弾薬は55発が搭載され、同軸に7.92mm機関銃1挺が装備されていた。砲塔は完全密閉式、全周旋回式で、釣り鐘型の防盾(訳注28)が装備されていた。これらの装備によって標準型の234より半トンくらいの重量が増加し、その代わり若干最大速度が低下した。

無砲塔の75mm L/24榴弾砲を搭載した近接支援型の、Sd.Kfz.234/3重装甲偵察車75mmも製作された(訳注29)。戦闘室側面は、乗員の防護のためかさ上げされていた。233（8輪）同様、砲は限定的にしか旋回できなかった。

234シリーズはこれで終わるはずであったが、ヒットラーの執着でもうひとつ無砲塔バージョンが作られることになった。これがSd.Kfz.234/4重装甲偵察車75mmである(訳注30)。本車には車輪を取り外した75mm PaK40対戦車砲が、戦闘室中央の旋回軸に丸ごと搭載されていた。こうしたことで本車は装輪式戦車駆逐車に生まれ変わったが、しかし火器の運用は旋回範囲が限定されていることで制限されていた。

234タイプは全部でおよそ2300両が生産されたが、皮肉なことにそれらが配備されたころには、北アフリカ戦役は何カ月も前に終了していた。しかしタトラのエンジンは、酷暑と同様に酷寒でも効率的な性能を発揮できた。東欧の苛酷な冬でも本車はよく耐え抜いた

訳注26：註：Sd.Kfz.234/1は、1944年6月から1945年1月までに200両が生産された。

訳注27：Sd.Kfz.234/2は、1943年9月から1944年9月までに101両が生産された。

訳注28：いわゆるザウコプフ。

訳注29：Sd.Kfz.234/3は、1944年6月から12月までに88両が生産された。

訳注30：Sd.Kfz.234/4は、1944年12月から1945年3月までに89両が生産された。

訳注31：ここでいうSd.Kfz.247は、1937年から1938年までに10両が生産された。その後紛らわしいことに4×4シャシーを使用した同名車両が製作されており、こちらは1941年7月から1942年1月までに58両が生産された。

訳注32：Sd.Kfz.254は1940年6月から1941年3月までに128両が生産された。

訳注33：ADGZは1938年にオーストリア陸軍から27両を取得し、1942年初頭に25両が生産された。なお武装は砲塔に20mm機関砲1門と7.92mm機関銃1挺、車体前後に7.92mm機関銃1挺ずつである。

のである。このシリーズは、第二次世界大戦中に出現した装輪装甲車両の中で、最も先進的なコンセプトを代表するひとつとなった。ときおり231～233（8輪）シリーズと混同されるが、内部が各種の収容スペースとなっている車体全長におよぶ一体型のマッドガードで、簡単に識別することができる。

さらに意欲的なデザインが、モルシャイムのトリッペルヴェルケのプライベートベンチャーで開発された。これがシルドクローテ（亀）4×4水陸両用偵察車である。3つの実験的バージョンが製作され、武装には7.92mm機関銃1挺か20mm機関砲1門、あるいはその両方を装備していた。このプロジェクトは、国防軍からの正式発注は得られず、1942年に放棄された。この車両の最大の欠点は装甲厚が最大10mmしかなかったことで、これは浮力を得るためにはどうにもならなかった。また搭載したタトラV-8ガソリンエンジンの性能も、満足いくものではなかった。

本当の意味での装甲車両ではないが——さらには偵察車両でもないが、Sd.Kfz.247指揮官用装甲車も若干触れないわけにはいかないだろう。この車体は、クルップの商用車から発展した標準型6×4軍用車台をベースとして、ごく少数が製作された（訳注31）。本車の主要任務は上級士官の前線近傍、ことに敵弾にさらされた地域への輸送であった。

第二次世界大戦勃発前にドイツに占領された衛星国が製作した装甲車はほとんど使用されなかったが、オーストリアのザウラー装輪装軌車は少数が使用された。本車は無線機を装備しており、Sd.Kfz.254中型装甲砲兵観測車と命名された（訳注32）。

1934年製のアウストロ・ダイムラーADGZ8×8装甲車も、主として治安維持任務に少数が使用された。ADGZは完全に前後対照のデザインをしており前後に操縦席をもっていた。武装には20mm機関砲を3門、1門は砲塔に残りは各1門ずつ前後面板に装備していた（訳注33）。

ステアリングは前後の車輪だけである。おもしろいのは中央の固まった4つの車輪の配置で、不整地での良好な機動性を発揮した。本車は6～7名の多数の乗員が搭乗可能で、路上最高速度は70km/hであった。装甲防御力は11mmに留まる。

フランス陥落後、およそ190両の傑出した性能を持つパナール178 4×4装甲車が、装甲偵察車P204（f）の名称で、ドイツ軍で使用された。これらのうち150両が装甲偵察大隊に配備されたが、装備している25mm機関砲（同軸に機関銃を装備）は、それまで欠けていたパンチ力を与えてくれた。パナールの重量は8.2トンで、105馬力の2ストロークガソリンエンジンを装備し、最高速度は80km/hを発揮できた。本車は20mm装甲板で防護され、乗員は4名であった。

残りの40両は車輪を取り外して代わりに鉄輪を取り付けて鉄道使用目的に改造された。この車体には無線機が搭載され、無線用のフレームアンテナが装備された。その任務は鉄道線に沿った前路偵察で、さらにパルチザンの跳梁する地域の鉄道交通の警戒任務に使用された。

捕獲車両も広範囲に使用された。それらは捕獲戦車を運用するときと

1942年夏、前線への鉄道輸送を待つ軽装甲車両。敵の空中偵察を防ぐため覆いが造り付けられている。カメラの近くには、2両のSd.Kfz.223とそれに挟まれてSd.Kfz.261が見える。かなたに並ぶ車両の中には、何両かのSd.Kfz.222が含まれている。(Martin Windrow)

同様、いくつか技術的問題はあったが、それらを使用することは部隊にとって余禄となった。ただしその果たした役割はほとんど記録からは隠されたものとなっている。ドイツ軍機甲偵察大隊に使用された敵車両の中には、各種のロシアのタイプ、イギリス製ダイムラー・スカウトカー、ハンバー装甲車、南アフリカ製マーモン・ヘリントン、アメリカ製M8、イタリア降伏後にはフィアット40などがあった。

偵察用ハーフトラック
Reconnaissance Half-tracks

　1942年から以降、機甲偵察大隊の装備には、大きな見直しが図られることになった。その理由は2つあった。第1はロシアの冬の雨と春の雪解け――ラスプチアは、装輪車両による路外機動をほとんど不可能にし、同時にロシアの道路交通網のほとんどである非舗装路では、腹がつかえて動けなくなったのである。8輪車は困難ではあったがなんとか対処できたものの、より小型の4輪車は引き出されるか掘りだされるまではもがき続けるしかなかった。第2に偵察大隊オートバイ部隊の損害は予期したものより大きく、自動車化歩兵を安全に戦闘加入させる方法を見つけだす必要があった。

　その両者を解決する答えが、Sd.Kfz.250軽装甲兵員輸送車シリーズであった(訳注34)。これらはSd.Kfz.251中型装甲兵員輸送車より小型で軽快な同種車両で、1940年以来デマグで開発が進められていたものである。厳密に言えば(ハーフトラックというより)四分の三トラックで、重量は5.61トンであった。動力には前部に100馬力のマイバッハエンジンが搭載されており、最高速度は60km/hであった。

　車両の履帯部分には挟み込み式サスペンションが採用されており、履帯の起動輪は前に配置されていた。履帯は湿式で(訳注35)、ゴムパッドが取り付けられていた。エンジン室と戦闘室は両者ともに、12mmの傾斜装甲板で防護されていた。

　とくに250が偵察任務に適していたのは、その車高の低さで、車体上部までわずか

訳注34：Sd.Kfz.250シリーズは前期型が1941年6月から1943年10月までに4250両、後期型がその後1945年までに2378両生産された。

訳注35：履帯の連結部分にゴムブッシュとグリスが注入されており抵抗が少ない。

ロンメル個人が使用した指揮車両の中で、おそらく最も有名な250、「グライフ」(グリフィン)が1942年北アフリカの戦車戦闘の刹那で、歩兵の監視哨脇を通り過ぎる。車体後部にジェリ缶用の追加ラックが溶接されているのに注目。(Bundesarchiv)

サスペンションが故障したSd.Kfz.250/1、1941年秋、ロシア。ハンマーと鉄梃を使っているところを見ると、転輪の間に石でも挟まったのであろう。挟み込み式転輪によく起こる問題点だった。250シリーズの長いボンネットは反射が目立つ部分で、これを防ぐため乗員は泥を塗り付けている。左の乗員は突撃砲兵ユニフォームを着ている。その後戦時中にいくつかの偵察部隊は、適当な記章に変更してこれを採用したようだ。
(Bundesarchiv)

1.66mしかなく、限られた遮蔽物でも有効に活用することができ、不整地走行能力は軽装甲車より明らかに向上していた。それゆえこうして明らかになった状況から、250が4輪車の代替となり自動車化歩兵大隊の任務に適用できるのは、完全に論理的なことであった。同時に250には以下のように12種類のバリエーションが製作された。

Sd.Kfz.250/1　軽装甲兵員輸送車
Sd.Kfz.250/2　電話車
Sd.Kfz.250/3　無線車
Sd.Kfz.250/4　航空支援車
Sd.Kfz.250/5　観測車
Sd.Kfz.250/6　弾薬車
Sd.Kfz.250/7　81mm迫撃砲車
Sd.Kfz.250/8　75mm L/24搭載軽自走車体
Sd.Kfz.250/9　装甲偵察車
Sd.Kfz.250/10　37mm対戦車砲搭載自走車体
Sd.Kfz.250/11　41式重対戦車銃搭載自走車体
Sd.Kfz.250/12　軽装甲測定車

　もちろんこれらのバリエーションのいくつかは、ほとんど偵察には用いられなかった。例えば250/2電話車は、電話交換機も搭載される電話線敷設車で、静止した、あるいはほとんど静止した戦況で、歩兵あるいは機甲擲弾兵師団が使用するよう設計された車体である。
　250/4航空支援車は、航空無線周波数に合わせた無線機を搭載した空軍地上攻撃調整員が使用する車両である。通常調整員は彼が派遣されている部隊の、主要部とともに行動する。他方空軍の方針は、直接の戦術支援より、ほとんどは敵戦線後方の妨害任務（つまり増援と補給活動の妨害）を強調することに置かれていたのだから。250/4がときおり敵戦線後方深く侵攻する偵察部隊に随伴しなかったのは、非常に奇妙な話ではある。
　250/5観測車と250/12軽装甲測定車は、どちらも砲兵部隊の使用する特殊車両で、通常機甲擲弾兵師団に配備された。250/5は部隊使用周波数と砲兵使用周波数の両方の無線機、砲兵用プロットボード、着弾観測用の強力な光学観測器材を搭載している。250/12は、砲やその他機材の位置を正確に測定するための、水準器や測定ポールを搭載している。

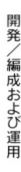

Sd.Kfz.250/10 37mm対戦車砲搭載自走砲。後部ピントルマウントにMG34が装着されているのに注目。37mm砲はその使用者からは、「軍用ドアノッカー」などと呼ばれ、それほど高くは評価されなかった。
(Bundesarchiv)

　250/1軽装甲兵員輸送車はもちろん、機甲擲弾兵の任務に運用されるが、250/3無線車同様機甲偵察大隊にも広範囲に用いられた。250/3は、偵察中隊長が前線の各部隊と自身の大隊司令部との通信リンクを構成するための、追加の無線機を搭載している。250/6弾薬車、250/7 81mm迫撃砲車、250/8 75mm L/24搭載軽自走車体、250/10 37mm対戦車砲搭載自走車体、250/11 41式重対戦車銃搭載自走車体は、すべて機甲偵察大隊の編成に含まれている。
　しかしおそらく最も興味深い掘り出し物は、250/9装甲偵察車であろう。同車は222軽装甲車と武装も含めて完全に同一の砲塔を搭載したもので、同車の公式の名称は装甲偵察車であったが、実際には装甲車として取り扱われた。
　250シリーズの収容する乗員数はその任務によって異なるが、一般に250/1の場合は6名で250/9の場合はたった3名である。さらに同じシャーシを使用して開発されたのが、Sd.Kfz.252弾薬車とSd.Kfz.253軽装甲観測車である。両車共にある程度装甲防御力が改善されていたが(訳注36)、少数が生産されただけ(訳注37)で厳密にいえば今回のテーマには沿っていない。
　250シリーズは多芸多才であるが、乗員がオープントップの戦闘室が空中爆発、あるいはその他どんなかたちであれ上部からの攻撃にきわめて脆弱であった事実は否定しようがない。またハーフトラックの不整地走行能力は4輪装甲車より勝っていたが、まだ8輪装甲車より劣っていた。このため早くも1943年10月には250シャシーを代替するため完全装軌シャシーを開発することに方針が転換された。
　ドイツ軍需産業は大きな圧力にさらされており、このため即座に使用できる選択肢として選ばれたのは、すでに性能は証明されているが現在では旧式になった38(t)戦車のシャシーであった。戦車砲塔は撤去され、代わりに222軽装甲車の砲塔が搭載された(訳注38)。この車体はSd.Kfz.140/1 38(t)偵察戦車と命名された。本車は1944年に70両が改造されて配備された(訳注39)が、この方向ではそれ以上の進展はなかった。そしてこれは戦争終結までにドイツ軍で運用された、最後の偵察車両となった。

訳注36：前面の装甲厚が増し、装甲車体がオープントップでなく完全密閉になっていた。

訳注37：Sd.Kfz.252は1940年6月から1941年9月までに413両が生産され、253は1940年3月から1941年6月までに285両が生産された。

訳注38：正確にはSd.Kfz.250/9 neuと同じ新型砲塔で、車体形状も変更されている。

訳注39：Sd.Kfz.140/1は、1944年2月から3月に50両が改造された。また75mm L/24搭載型も2両作られた。

organisation and method

編成および運用

　機甲連隊では、火力、防御力、機動力、柔軟性の特性に、同様の優先度が置かれる。機甲偵察大隊では、この優先度は同じウエイトは置かれず、その順位はざっと見たところあまり他とは同じでないようだ。大隊の不動の国是といえるのは、その母部隊のために情報を集めることである。

　その任務のために、とくに計画段階における絶対的な柔軟性が第一に必要となる。そして野戦場では無線通信能力が必要である。無線機は偵察車両の最も重要な武器である。そしてそれを使用すればいうまでもなく反撃を受けることになる。このためそれを作戦地域に送り込むためには、同様に機動力が本質的に必要となる。しかし場合によっては情報入手に戦闘をしなければならず、その文脈で防御力と攻撃力も有用である。他方発見されずに情報が得られるのが最良の結果であり、この文脈ではできうる限り敵を避けなければならない。

　もちろんこの原理は、ヴェルサイユ条約の否定に続く電撃戦技術が進展するにつれて、そして戦車部隊にとって、主要部隊から50kmも先行して効率的に作戦する縦深偵察が必要となったことから、すべての軍に共通するものとなった。

　装甲車をずっと広範囲な任務に使用し続けたイギリス軍と異なり、ドイツ軍偵察大隊はその騎兵から始まったという背景に大きな影響を受けていた。このためその編制表には、近代化されたものとはなっていたが、1914年の騎兵隊列に含まれていたすべての要素が現れていた。彼らは馬の代わりに車両を用い、つらい歩行をする猟兵の代わりにオートバイ機関銃部隊が置かれていた。馬牽きの榴弾砲は、自動車牽引の榴弾砲と対戦車砲に取って代わられ、主として架橋を行う突撃工兵も、同じく機械化された。

　1939年の戦車師団の偵察大隊の編成は、司令部と機甲偵察中隊2個、オートバイ機関銃中隊1個、重中隊1個、機動整備所1個および補給、輸送部隊からなる。

　大隊司令部は通常指揮、通信装備と、中隊から受け取った情報を精査し、その情報を師団通信大隊を通じて師団司令部に送る情報小隊をもっている。

　各機甲偵察中隊は、無線車1両と無線機を装備した装甲車4両からなる中隊本部と、6両の6輪または8輪装甲車を有する重小隊1個、6両の4輪装甲車を有する軽小隊2個からなる。重小隊はさらに2両の装甲車を有する分隊3個に分割できる。軽小隊はさらに3両の装甲車を有する分隊2個に

1943年ロシア、第4機甲偵察大隊に所属するSd.Kfz.222の後部ディテール。迷彩塗装はダークイエローにダークグリーンが吹き付けられているようだ。乗員はグリーンの装甲車乗員用デニムを着用し、サンドに塗装されたヘルメットを被っているようだ。(Bundesarchiv)

分割できる。各分隊の装甲車のうち1両は、無線機を装備していた。

オートバイ機関銃中隊は、機関銃付きサイドカーを使用し、中隊本部と3個ライフル小隊からなる。各ライフル小隊は、それぞれ2挺のMG34に1門の迫撃砲を支援火器として装備する3個分隊からなり、重小隊1個は4挺のMG34を装備している。

アフリカ軍団のSd.Kfz.222、砂漠カラーの塗装で対手榴弾用金網が閉じられている。すべての戦線で作戦した偵察部隊同様、彼らは「同士撃ち」に注意を払っており、車体後部によく目立つ国籍マークが描かれている。
(RAC Tank Museum)

重中隊はいくつかの別種の部隊に分けられている。軽歩兵砲小隊はモデル18 75mm牽引式軽歩兵砲2門を装備しており、機甲猟兵小隊は37mm牽引式対戦車砲3門(後に5門)にMG34 1挺を装備、突撃工兵小隊は3個分隊からなり、MG34 1挺を装備している。

この編成はときおり戦闘団と記述されるが、このような記述は誤解を招く(訳注40)。オートバイ機関銃中隊と重中隊の火器小隊の役割は衝角部隊となることであり、多数の火力で敵を圧迫することで敵防衛線に装甲車が通行できる突破口を開けるよう考えられている。ひとたび敵防衛線を突破したら、装甲車は単独で任務を遂行する。もし機甲偵察中隊の前進路に河川障害が横たわっていた場合は、突撃工兵小隊の一部か全部が分属されることになる。こうした付属部隊は装甲車乗員には、決して喜ばれるものではなかった。というのは架橋車両は速度が遅くかさ張るため、利用可能な前進ルートが制限されるからである。自動車化歩兵師団の機甲偵察大隊も同様に編成されていた。しかし偵察中隊は1個しかなく重中隊も欠いていた。

戦争勃発時に偵察大隊は、以下のように配属されていた。第1偵察大隊〜第1騎兵旅

訳注40:ドイツ軍における戦闘団とはその時その場で臨時編成される戦闘部隊であり、集められる部隊は機甲偵察大隊に限られるものではない。

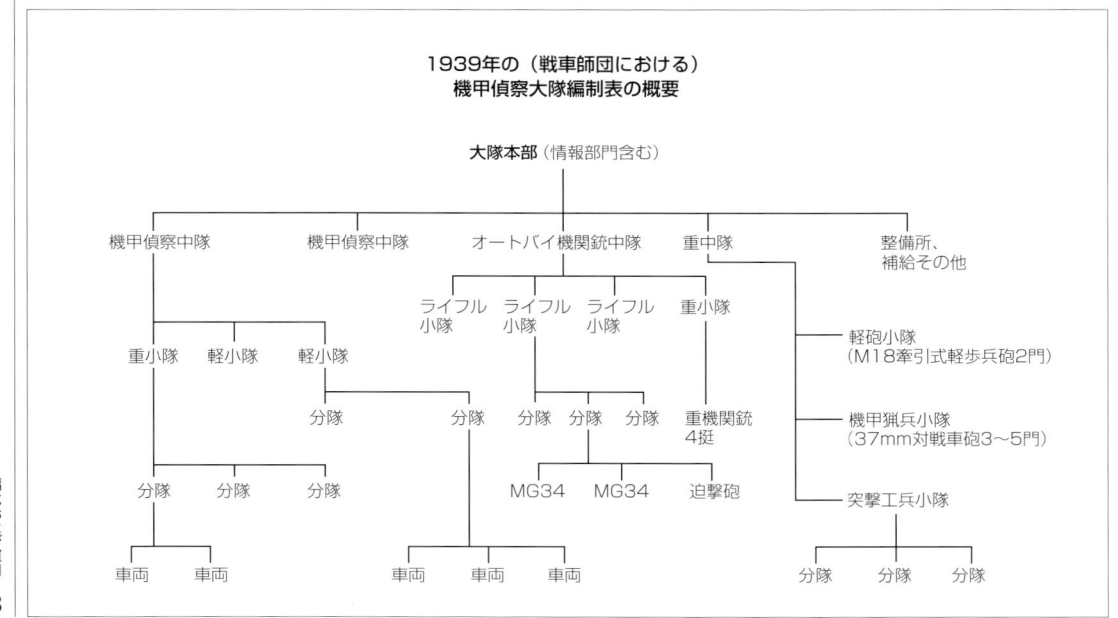

1939年の(戦車師団における)機甲偵察大隊編制表の概要

- 大隊本部(情報部門含む)
  - 機甲偵察中隊
    - 重小隊
      - 分隊
      - 分隊
    - 軽小隊
      - 分隊
    - 軽小隊
      - 分隊
        - 車両
        - 車両
  - 機甲偵察中隊
  - オートバイ機関銃中隊
    - ライフル小隊
      - 分隊
    - ライフル小隊
      - 分隊
        - 車両
        - 車両
        - 車両
    - ライフル小隊
      - 分隊
    - 重小隊
      - 重機関銃4挺
        - MG34
        - MG34
        - 迫撃砲
  - 重中隊
    - 軽砲小隊(M18牽引式軽歩兵砲2門)
    - 機甲猟兵小隊(37mm対戦車砲3〜5門)
    - 突撃工兵小隊
      - 分隊
      - 分隊
      - 分隊
  - 整備所、補給その他

訳注41：後に第25機甲偵察大隊に名称が変更された。

訳注42：そういうわけではなく、第3偵察大隊は1943年2月26日に第90軽師団に転属し、代わりに第590偵察大隊が配属された。第200機甲偵察大隊が配属されたのは、1944年3月1日からである。第33偵察大隊は1943年4月29日に第15機甲偵察大隊に名称が変更される命令が出されたが実行されなかった。

団、第3、第4、第5、第7、第8偵察大隊～戦車師団、第2、第13、第20、第29偵察大隊～自動車化歩兵師団、第6偵察大隊～第1軽師団。もう少し大きな編成としては、第7、第8、第9偵察連隊が、おのおの第2、第3、第4師団に配属されていた。

　その後標準化が図られ、名称には機甲が追加され、偵察大隊の番号と名称はその母戦車師団にちなむものとなった。こうして、第1機甲偵察大隊は第1戦車師団に、第16機甲偵察大隊は第16戦車師団に、機甲偵察大隊「グロースドイッチュラント」は機甲擲弾兵師団「グロースドイッチュラント」に、機甲偵察大隊「トーテンコプフ」はSS第3戦車師団「トーテンコプフ」といった具合である。自動車化歩兵――後に機甲擲弾兵師団となる――師団では、偵察大隊の番号はその母部隊に100が追加された。例をあげると第120偵察大隊は、すなわち第20自動車化歩兵師団に所属することを示すわけである。

　このルールには当然ながら例外がある。もっともはっきりしているのが、第140機甲偵察大隊で、第22戦車師団に所属していた。また第87機甲偵察大隊(訳注41)は、第25戦車師団に、第130機甲偵察大隊は、戦車教導師団に所属していた。北アフリカでは、第21戦車師団の偵察大隊は公式には第200機甲偵察大隊で、第15戦車師団の偵察大隊は第15機甲偵察大隊であったが、これらの部隊は繰り返しドイツ軍の記録でも、おのおの第3および第33偵察大隊と記述される(訳注42)。

　ロシア侵略のために、戦車師団および自動車化歩兵部隊の数を2倍にするというヒットラーの決定は、利用可能な資源に非常な緊張をもたらした。偵察部隊は戦車部隊の他の分野に比べれば影響は少なかったものの、多くの大隊がその理論上の定数より不足した状態で戦役に突入した。これに加えて、戦役そのものと、それに続く恐ろしい冬によって引き起こされた損害によって、再編成が不可避となった。

　この時期に4輪装甲車が直面した困難に関してはすでにいくらか述べたが、その結果その利用度と重要性は確実に減少した。オートバイ部隊の損失は一般に相当大きかったが、あまりに重大だったために実際、戦車師団の編成からオートバイ大隊は消滅し、その人員は偵察大隊に配属された。これは偵察大隊がしばらくの間以前の戦術的バランスを失い、いくらか車両が不足した一方で、オートバイが過剰となったことを意味した。

　この暫定的なかたちでの大隊の編成は、以下のようである。
　大隊司令部および情報部隊
　装甲車中隊1個、通常8輪装甲車装備
　オートバイ機関銃中隊3個

1939年9月、ポーランドの破壊された村に止まるSd.Kfz.231 (6輪)重装甲車。ラジエータールーバーの大きな国籍マークは、もともとは白だが黄色で重ね塗りされているようだ(＊)。車体側面の他の国籍マークは、完全に塗りつぶされている。その前には黄色のW(＊＊)があるが、その意味は不明だ。(Bundesarchiv)
(＊訳注：黄色でなく泥ではないだろうか)(＊＊訳注：Bのように見える)

重中隊1個
機動修理所、補給、輸送部隊

　より多くのハーフトラックが使用できるようになると、オートバイ部隊は着実に縮小された。75mm 233後に234/3の登場と、装輪、ハーフトラック両者の各種自走対戦車砲架の登場によって、同じく重中隊の牽引火器部隊は、常にその価値は疑わしかったが、前線から姿を消すことが可能となった。これはほとんどいうまでもなく、この長い大規模再装備期間中、機甲偵察大隊ひとつとして正確に他と同じものはなかった。しかし1944年春の大隊の理論上の構成は以下の通りである。

大隊司令部
本部中隊
第1機甲偵察中隊
第2偵察中隊
第3偵察中隊
第4重中隊
補給中隊

バリアシールド（＊）が取り付けられたSd.Kfz.231（8輪）。車体前後の操縦席の位置は、車体側面の視察バイザーでわかるであろう。
（RAC Tank Museum）
（＊訳注：車体前面の追加装甲）

　これらの名称の大部分は誤解を招くものである。例えば本部中隊は理論的には情報部門が付属しているが、それだけでなく装甲車6両、各3両ずつの小隊を含む。これら4輪装甲車はまだ残っており、軽小隊に集められていた。このうち1両は無線機を装備していた。しかし小隊のほとんどは8輪装甲車を装備しており、それらには無線機が標準装備されていた。75mm L/24榴弾砲搭載車体3両の部隊が小隊の一部となっていたが、後にプーマか75mm L/48 234の小隊が加わった。もっと重武装の車両の小隊が、その作戦の必要に応じてその他の小隊に配備された。
　第1機甲偵察中隊の主要装備は、250/9偵察ハーフトラックである。中隊は3両の車両を装備した小隊8個に分かれる。そして3両の250/3無線車が、中隊長の後方との無線リンクを提供する。
　第2、第3偵察中隊も同様に250ハーフトラックシリーズを装備している。各中隊は、本部と偵察小隊3個と重火器小隊からなる。本部には250/3後方通信用車両が2両含まれ、

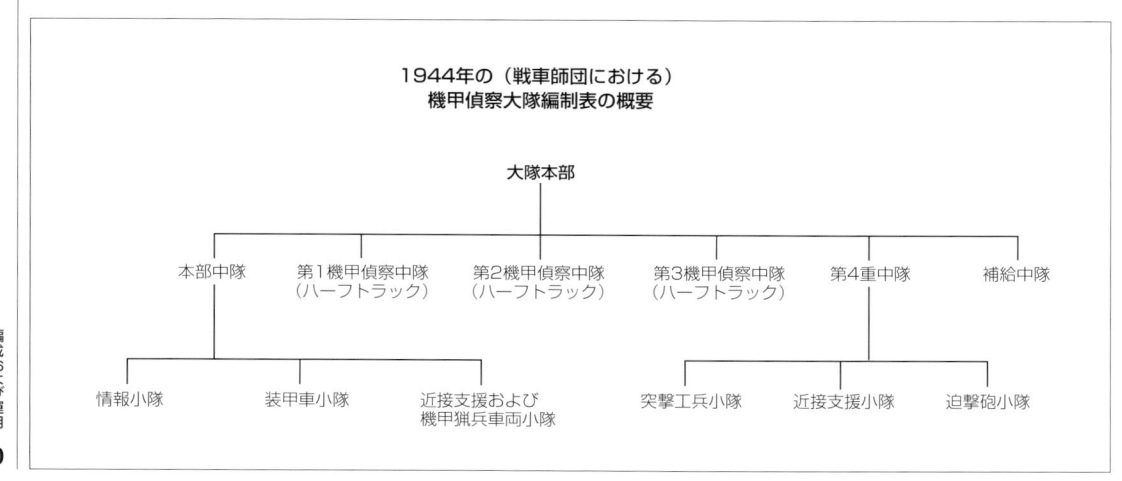

1944年の（戦車師団における）
機甲偵察大隊編制表の概要

```
                              大隊本部
    ┌──────┬──────────┬──────────┬──────────┬──────┬──────┐
  本部中隊  第1機甲偵察中隊  第2機甲偵察中隊  第3機甲偵察中隊  第4重中隊  補給中隊
            （ハーフトラック） （ハーフトラック） （ハーフトラック）
    ┌───┬────┬────┐                              ┌────┬────┬────┐
  情報小隊 装甲車小隊 近接支援および              突撃工兵小隊 近接支援小隊 迫撃砲小隊
                  機甲猟兵車両小隊
```

編成および運用

1940年フランス、第2機甲偵察大隊のSd.Kfz.231（6輪）重装甲偵察車。全体をパンツァーグレイに塗装され、よく目立つマーキングは白の枠だけの国籍マークと大きな「G」のマークである。「G」はグデーリアンの第12-2機甲軍団を示している。国籍マークのすぐ前の2つの黄色の点は、第2戦車師団の識別マークで、その前の黄色の「ザルツブルク」は平時の駐屯地である。材木と前部泥よけ下に搭載された巻いた「敷物」は、悪路で後部転輪に敷いて使用される。この車体は前部のローラーを失ってしまったようだ。ラジエーター上部に固定されたラックは発煙筒を保持するためのものようで、紐が操縦手用視察口を通して車内に引き込まれている。敵戦線に深く浸透しなければならなかったこの戦役において、偵察を続けるための即興装備である。(Bundesarchiv)

各偵察小隊は250/1、7両からなり、小隊本部が1両と車両2両ずつを装備する分隊3個からなる。重火器小隊は、小隊本部に250/1が1両に、近接支援分隊には250/8自走75mm L/24榴弾砲2両に250/1装甲兵員輸送車1両からなる。そして迫撃砲分隊は250/7 81mm迫撃砲車2両に250／1装甲兵員輸送車1両からなる。

ハーフトラック偵察中隊のコンセプトは、旧来のオートバイ機関銃中隊を単に代替するだけでなく、その任務を統合したものとなった。すなわちその装備には少なくとも48挺以上の機関銃のみならず、上に述べたように編成中の重火器の支援もあるので、任務の達成は容易である。完全に無線機装備で、その主要任務は偵察である。機甲擲弾兵の支援は、装甲車または機甲偵察中隊の作戦行動で、大隊長の考慮の上で二義的な任務となった。第4重中隊は、突撃工兵小隊1個、近接支援小隊1個、迫撃砲小隊1個からなる。突撃工兵はその架橋任務に加えて爆破も任務に含まれる。これは大隊が前進に先行するにあたって障害物の除去と、撤退の後裔を務めるにあたって橋の爆破などがある。彼らはまたある種の戦闘技術のスペシャリストでもある。彼らの編成には6基の個人携行火焔放射器を装備した分隊が含まれる。小隊の理論上の装備は、中ハーフトラックの突撃工兵バージョンであるSd.Kfz.251/5、7両だが、彼らが実際十分な数量を使用できたかは疑わしく、適当に改修された250/1がその代わりを勤めた。近接支援小隊は定数上は、251/9自走75mm L/24榴弾砲6両、迫撃砲小隊は251/2 80mm迫撃砲車6両だが、実際には250/8と250/7がしばしば使用された。

この大隊編成は、他の時期同様に、達成可能というより望ましいものを示したものである。偵察大隊の大多数は戦争の最後の年には戦力が低下するようになり、その日暮らしの便宜と即興で、指揮官は彼らの任務を遂行するために得られる装備をなんでも使用した。

第1機甲偵察大隊に勤務したa.D・ファビアン・フォン・ボニン・フォン・オスタウ大佐によれば、ドイツ偵察部隊のとったやり方はこのようなものである。

「師団から任務を与えられたら、指揮官は最も重要な軸に沿っていくつかの部隊を派遣し、部隊を個人で直接導く。彼の背後には、中隊がさらに多数の部隊でスクリーンを形成する。

北アフリカで放棄されたSd.Kfz.250/2電話車。アフリカ軍団のヤシの木の下のマーキングは、牽引榴弾砲中隊に所属することを示している。
(RAC Tank Museum)

ひとりの士官が2両の8輪装甲車の分隊を指揮する一方、私は司令官から私に与えられた任務を果たす。私には敵領内20～40km離れた目標が与えられ、隣接する偵察部隊を考慮することなく、私自身のイニシアチブで目標に到達する。敵部隊について報告し、もし発見されずに迂回が可能なら、我々は敵戦線後方深く侵入する。しばしば夜の訪れで我々は目標に到達することができず、夜明けまで適当な観測点で観測員として留まる。目標に到達すると自身の部隊への帰還を命じられるか、追従してきた他の偵察部隊の支援を受ける。場合によっては師団が我々に追いつくときまで、敵領内に停止して留まり続ける。

「まず第一に孤独感と外部の助けをあてにせずに敵陣にひとりでいる感覚を克服し慣れなければならない。経験が増えるにしたがって、自信も大きくなる。それはともかくとして、

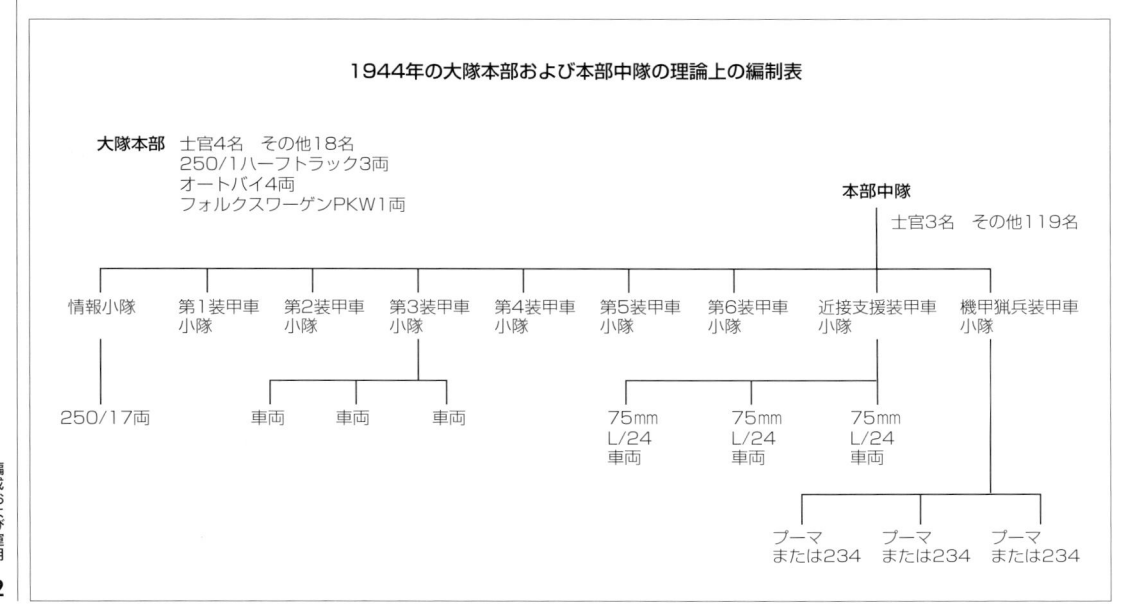

1944年の大隊本部および本部中隊の理論上の編制表

大隊本部 士官4名　その他18名
　　　　　250/1ハーフトラック3両
　　　　　オートバイ4両
　　　　　フォルクスワーゲンPKW1両

本部中隊 士官3名　その他119名

- 情報小隊：250/17両
- 第1装甲車小隊：車両
- 第2装甲車小隊：車両
- 第3装甲車小隊：車両
- 第4装甲車小隊
- 第5装甲車小隊：75mm L/24 車両
- 第6装甲車小隊：75mm L/24 車両
- 近接支援装甲車小隊：75mm L/24 車両
- 機甲猟兵装甲車小隊：プーマまたは234（×3）

編成および運用

このような独立作戦は若い騎兵士官などには、上位者や隣接部隊からの制限された枠組みからの圧迫を受けないので、とくに魅力的である。

「よく知らない敵領内への最初の侵入は困難である。この目的のために、我々の地域的攻撃は、敵がバランスを取り戻す前の状態を利用する。いくらか侵入に成功したら、前進はより容易になる。偵察部隊の指揮官はよい観察者であり、どこなら敵陣に入り込むことができるかを嗅ぎ分ける鼻を持たなければならない。第一に車両はよくカモフラージュされ、すべての利用可能な自然界の遮蔽物を使用し、互いに続行し最後尾車は後方を警戒する。観測点には良好な視界が必要で、そこで停止して全体の観測を行う。もし敵が発見されなければ、最初の車体が観察しながら次の観測点に向かう。その車両が安全に到着したなら、次の車両が前進を命じられる。

「村を徹底的に観察することが重要である。というのも村は、敵がなんらかのかたちでほとんど常に使用しているからである。もし君が敵を見れば、それがわかるだろう。もし敵が見えなくて、村人が普通の生活を送っていれば、その村は敵に占領されていないのだ。もし誰も村人の姿が見えなければ、その村はきわめて疑わしく、手間をかけても大きく迂回するべきだ。

「私にとって最良の偵察員は、銃に装填しない。非常に価値のある目標でさえ、報告するだけで交戦はしない。それは他の部隊の仕事だ。撃ち逃げしようとする傾向のある指揮官は、偵察目的には役に立たない。というのも彼はすぐに敵に発見されてしまい、うさぎのように追い立てられてしまうからだ。敵戦車群の位置を報告する方が、トラックに5発お見舞いするよりはるかに重要である。

「報告はモールス信号（搬送波を使う通信で、音声信号より長距離に伝わる）で行われ、通信は良好である。無線手はよく訓練されていて、素早く報告ができる。報告は部隊長まで上がり報告書にまとめられる。これはすぐにルーチンワークになる。音声通信は車両間の通信にのみ用いられる。敵の居場所に関する全報告、定期的な状況報告に含まれるネガティブな情報でさえ、敵の全状況を描き出すのに役立つ。

「成功しうる偵察部隊の本質的な要素は、よく訓練されたチーム、相互に信頼し、細心であることだ。我々の主に考えていることはいつも、『常に出口がある。生きている限りすべ

真新しい状態のSd.Kfz.232（6輪）（無線）重装甲偵察車。写真では旋回式アンテナマウントが砲塔の全周旋回を可能にする機能がよく示されている。（Bundesarchiv）

真新しい状態のSd.Kfz.232（8輪）（無線）重装甲偵察車。写真では旋回式アンテナマウントが砲塔の全周旋回を可能にする機能がよく示されている。(Bundesarchiv)

てが失われることはない』というものである。
「ひとたび1941年12月に、我々のロシア侵攻作戦が停止すると、シベリアの士気旺盛な部隊が、冬季の戦闘経験をもたない部隊に襲いかかった。軍はボルガ川上流に防衛線を築くまで、一連の遅帯戦闘を続けなければならなかった。この時期の間中偵察大隊は殿軍(しんがり)として、敵から我が軍の行動と意図を隠す重要な任務を遂行した。この目的のために、機甲偵察中隊は、その良好な通信装備によって、その中隊長の指揮下で広範囲に展開した。防衛戦では大隊の戦闘部隊、オートバイ中隊と重中隊は、主として最前線に展開し、装甲車中隊は師団の特別な任務を与えられた」

　撤退をカバーするために偵察大隊がとる方法は、前進するときにとられた方法の逆である。機甲偵察中隊は、彼らの母師団が撤退した後、隠された観測点に留まり続ける。大隊の残余は、通常橋や道路といった狭い前線を利用して一時的な防衛線を構築し、撤退命令を受け取ると車両は撤退する。こうした状況下で、機甲偵察中隊の2つの主要任務は、敵偵察部隊による観測を防ぐ師団の側面援護と後衛任務、そして敵が構築する攻撃方向の報告である。車両がもたらした情報によって、師団長はそのときの必要に応じて彼の計画を修正することができ、彼の指揮する撤退を完遂する。師団が主要防衛線を構築すると車両は呼び戻され、彼ら大隊自身の暫定的防衛線から、背後で橋を爆破し木を倒し、道路に地雷を敷設して撤退する。

　欺瞞、隠蔽などすべての使用可能な手段を用いるにもかかわらず、機甲偵察は非常に危険なゲームであり、変わることはない。そしてその平均的な指揮官は、活発で最大限の努力を要求されるが、非常にしばしば短い間しかできない。フォン・ボニン・フォン・オスタウ大佐は3回別々の機会に負傷し、同時に軍務についた戦友の4人の指揮官は、3人は1941～42年の戦闘で戦死し4人目は翌年戦死した。

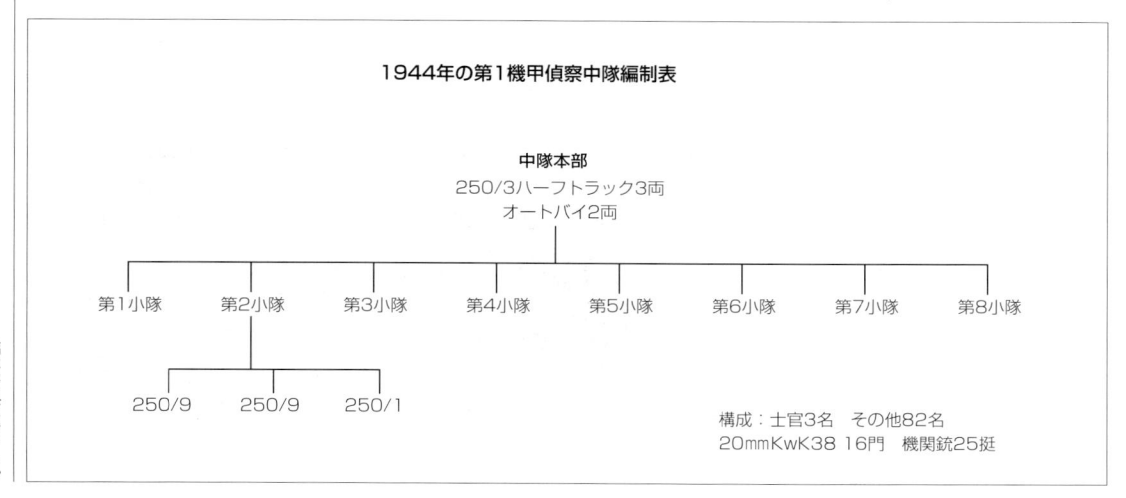

1944年の第1機甲偵察中隊編制表

中隊本部
250/3ハーフトラック3両
オートバイ2両

第1小隊　第2小隊　第3小隊　第4小隊　第5小隊　第6小隊　第7小隊　第8小隊

250/9　250/9　250/1

構成：士官3名　その他82名
20mmKwK38 16門　機関銃25挺

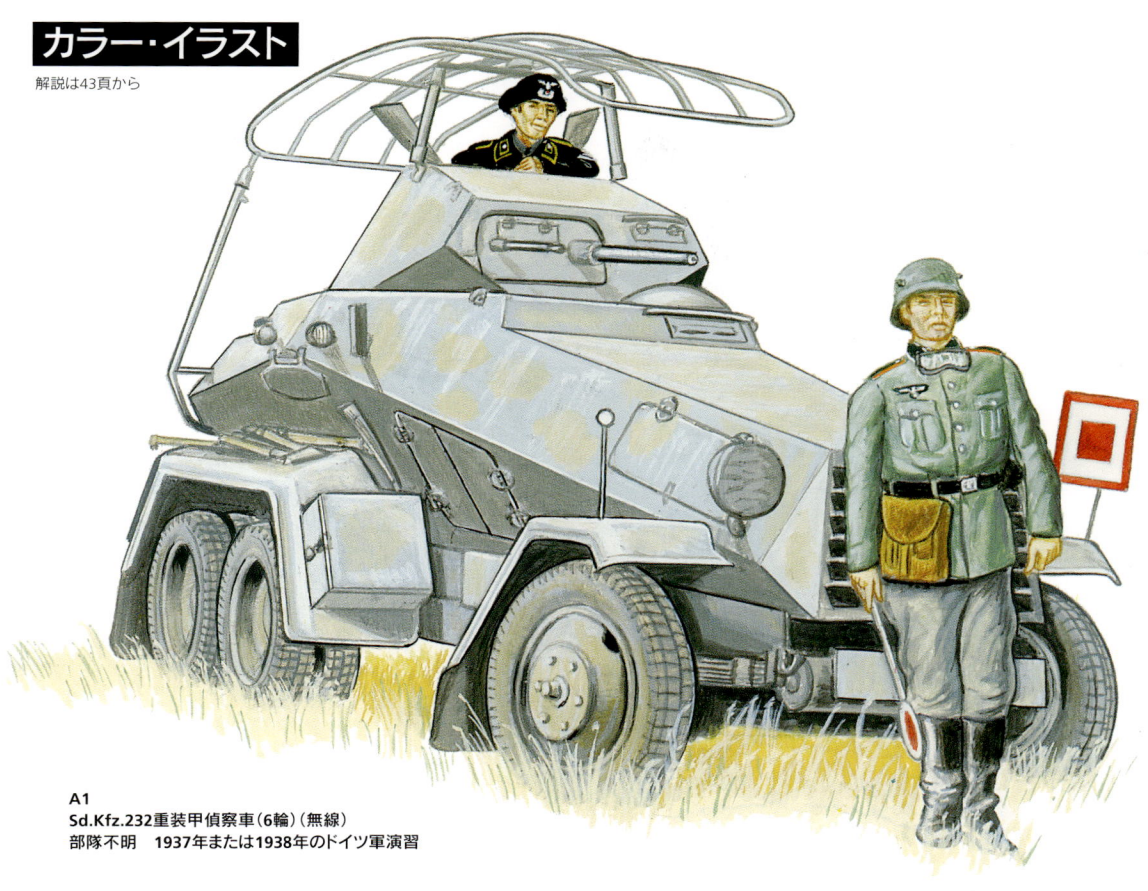

カラー・イラスト
解説は43頁から

A1
Sd.Kfz.232重装甲偵察車(6輪)(無線)
部隊不明　1937年または1938年のドイツ軍演習

A2
Sd.Kfz.13偵察車　部隊不明　ポーランド　1939年

A

B1
Sd.Kfz.222装甲偵察車
SS機甲偵察大隊「ライブシュタンダルテ・アードルフ・ヒットラー」(LSSAH)
ギリシャ　1941年

B2
Sd.Kfz.232重装甲偵察車(8輪)
SS機甲偵察大隊「ライブシュタンダルテ・アードルフ・ヒットラー」
ギリシャ　1941年

C1
Sd.Kfz.222装甲偵察車　第5軽師団
アフリカ軍団　リビア　1941年

C2
Sd.Kfz.263指揮車（8輪）　第5軽師団
アフリカ軍団　リビア　1941年

図版D：
Sd.Kfz.234/4重装甲偵察車

仕様
乗員：4名
戦闘重量：11500kg
エンジン：12気筒タトラ103
　　　　　13.8リッター空冷ディーゼル出力200
　　　　　PS（メートル馬力）/2250回転
出力重量比：17.39PS/t
全長：6000mm
全幅：2400mm
トランスミッション：前進6段、後進6段
ステアリング：8輪操舵8輪駆動
最高速度（路上）：80km/h

最高速度（不整地）：30km/h
渡渉水深：1200mm
最大航続距離：900km（巡航速度）
武装：7.5cm PaK40 L/46
砲俯仰角：－3～＋22度
旋回：右側12度、左側12度
主砲弾薬：7.5cm Pzgr.39（徹甲弾）、
　　　　　7.5cm Pzgr.40（タングステン弾芯高速徹甲弾）、
　　　　　7.5cm Sprgr.34（榴弾）
照準器：ZF3×8（単眼式）
主砲弾薬搭載数：24発

各部名称
1. V－12気筒空冷タトラ103ディーゼルエンジン出力200PS／2250rpm
2. ディーゼル噴射機
3. 左側消音器
4. 空冷エンジン用冷却ファン
5. 後部装甲板（10mm）
6. 後部点検ハッチ
7. 発煙筒ホルダー
8. 排気管装甲カバー
9. 右側消音器
10. 斧
11. つるはし
12. 後部工具箱
13. 主雑具箱
14. 8輪駆動8輪操舵
15. タイヤサイズ270/20
16. 後部操縦ハンドル
17. 独立懸架サスペンションスイングアームおよびドライブシャフト
18. 後部操縦手席
19. 主砲マウントプラットフォーム
20. 右側弾薬箱（12発入）
21. 消火器
22. ワイヤーカッター
23. 前部工具箱
24. 信号拳銃弾薬箱
25. ギアシフトレバー
26. 水平鎖栓式砲尾
27. 砲俯角時旋回用天井切り欠き部
28. 下向きに取り付けられた操縦ハンドル付前部操縦手席
29. 車幅指示ポール
30. 前面装甲板（30mm）
31. 側面装甲視察クラッペ
32. 計器盤
33. 15mm前上面装甲板上脱出ハッチ
34. 操縦手用装甲視察クラッペ
35. 主砲固定具
36. 7.92mm MG42機関銃
37. 7.5cm PaK40 L/46対戦車砲
38. マズルブレーキ
39. スペースドアーマー式砲防盾（4mm×2枚）
40. 砲尾閉鎖スプリング
41. 防危板
42. 無線機用2mロッドアンテナ
43. 後部ギアシフトレバー
44. 消火器ラック
45. 後座ガイド
46. 乗員用側面脱出ハッチ（Sd.Kfz.234/4では閉鎖）
47. Sd.Kfz.234/4用上構増加装甲板（14.5mm）
48. ジャッキ
49. 側面装甲8mm
50. 冷却気排気グリル
51. 吸気クリーナー
52. 吸気グリル
53. エンジン点検ハッチ
54. 燃料缶
55. エンジンカバー装甲板（5.5mm）

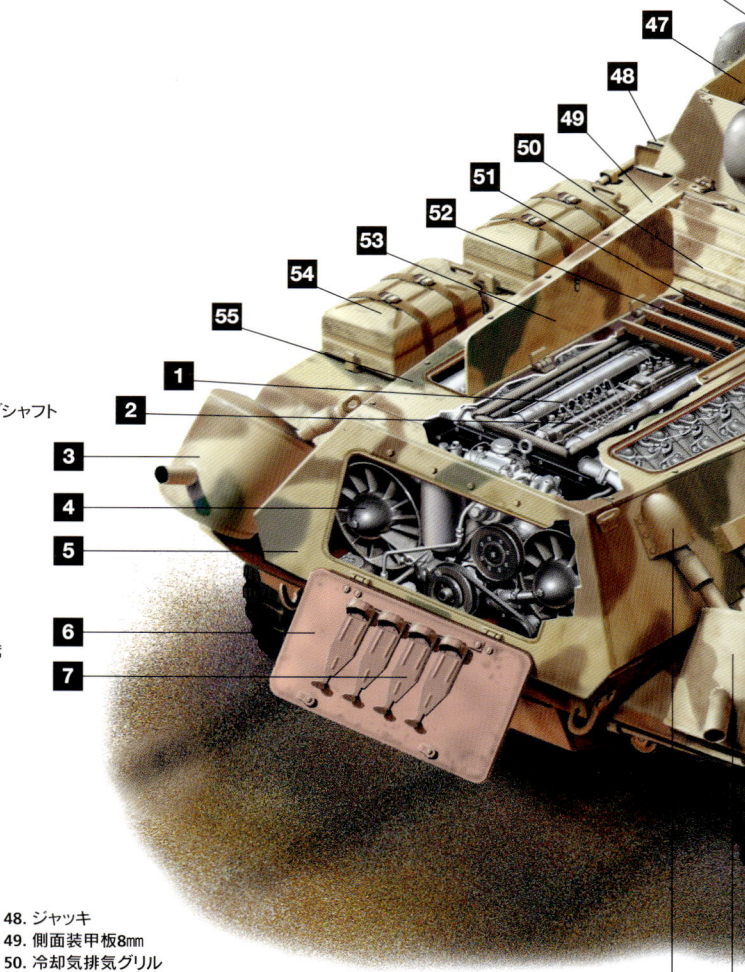

29

E1
Sd.Kfz.250/3無線ハーフトラック「グライフ」
トブルク占領時にロンメルの指揮車両として使用された車両
1942年6月

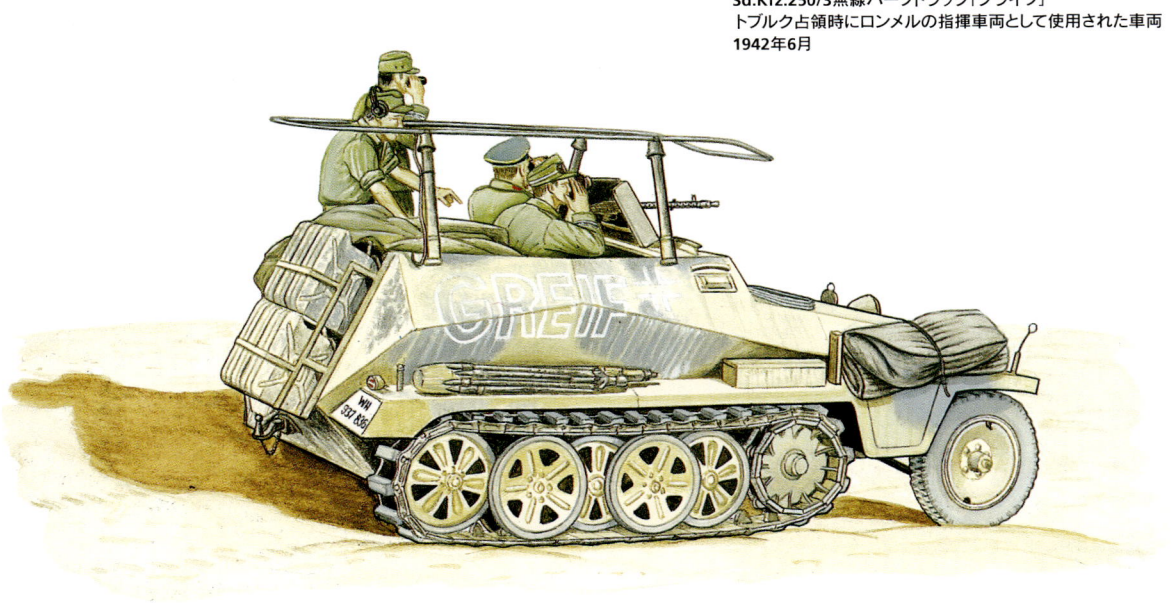

E2
Sd.Kfz.261小型装甲無線車　部隊不明
アフリカ軍団　リビア　1942年

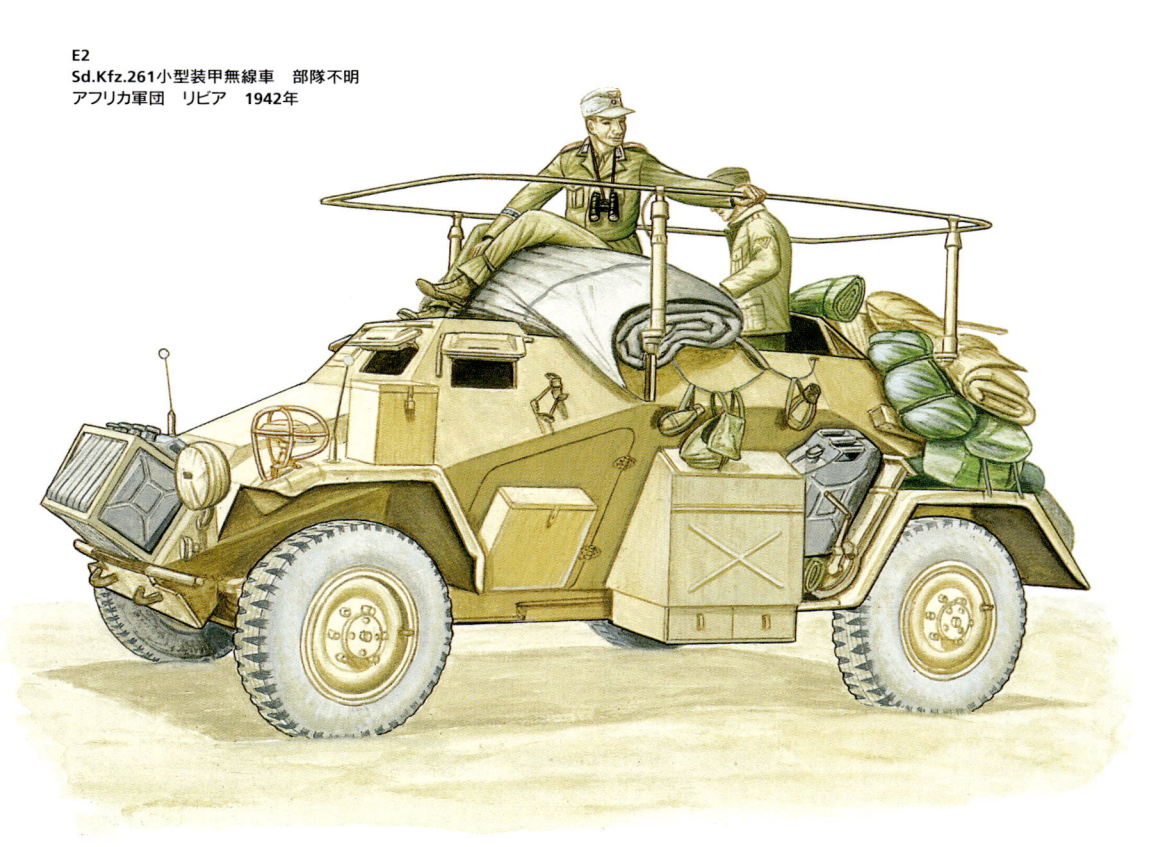

E

F1
Sd.Kfz.250/10自走37㎜対戦車砲
「グロースドイッチュラント」(GD)機甲偵察大隊
ロシア　1943年春

F2
Sd.Kfz.221装甲偵察車　部隊不明
ロシア　1941〜1942年冬

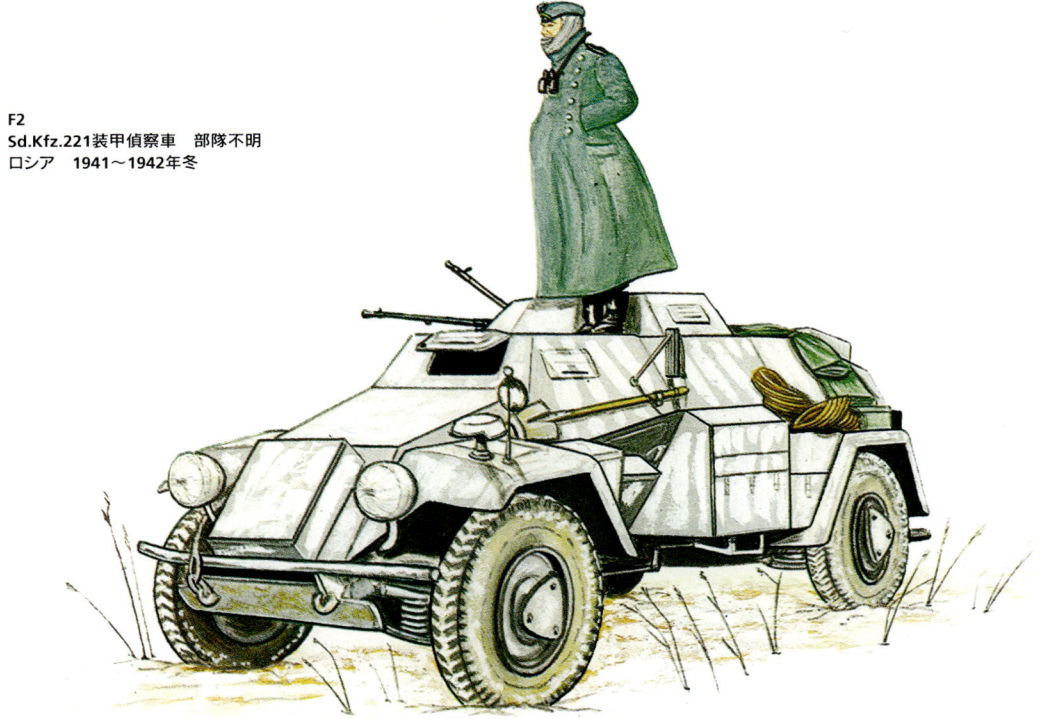

G1
Sd.Kfz.250/3無線ハーフトラック　部隊不明
クライスト戦車集団　ロシア　1943年晩夏

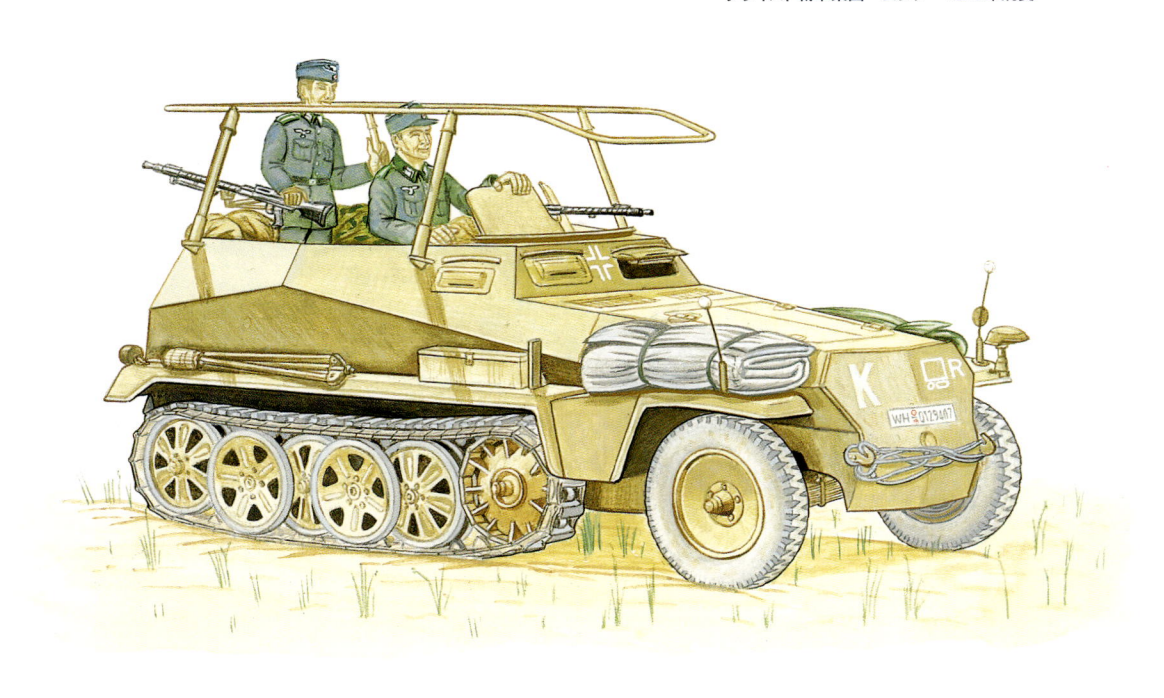

G2
Sd.Kfz.232重装甲偵察車（8輪）　第115機甲偵察大隊
イタリア　1944年

きれいにマークが描かれた、「グロースドイッチュラント」機甲偵察大隊第1偵察中隊のSd.Kfz.232（8輪）（無線）。1942年6月、クルスク近郊で鉄道輸送中の光景。砲塔にはシートがかけられ、おのおののドイツ鉄道の輸送ラベルが付けられている。先頭の車体は、前面に障害物を押しのけるための前面シールド（＊）が取り付けられている。ステアリングをわずかに右に切った状態で固定されており、8輪操舵の様子がよくわかる。(Bundesarchiv)
（＊訳注：8mm厚の装甲板で車体前面の防護力を増すために取り付けられた）

armoured reconnaissance in action

機甲偵察部隊の戦闘行動

　ドイツ機甲偵察大隊の歴史は、待ち伏せ、激しい打ち続く戦闘、間一髪の脱出の多数の例に満ちている。しかしこの分野では脱線したい誘惑にかられがちであるから、こうした場合通常何か非常に悪い話は忘れられてしまうことを覚えておかなければならない。それゆえこの目的にはパトロール活動を精査することが非常に役に立つだろう。以下の説明は、1941年にハンス・フライヘア・フォン・エセベック大佐が、「ベルリナー・イラストリールテ・ツァイトゥンク」紙に、ウェーヴェルの「バトルアクス」作戦の始まりについて、ドイツ軍偵察部隊の視点から語ったものである。

「地勢については何も語る必要はなかろう。地形はどこまでも広がる干からびたさぼてんが点々とあるのみの砂漠が、えんえんと続いているだけである。エジプト国境で完全な砂漠が始まる。昼に南風が吹き始め、砂が厚い竜巻となって舞い上がる。このわびしい単調さを破るものは、何もない。完全に何もない。

「3両の装甲車が、エジプトとリビアを隔てる金網を抜けて高速で走り続ける。金網は多くの場所で破られ、もはやほとんど残っていない。戦争は傷痕を残し、風ははるかかなたから紙切れやゴミくずを運んで撒き散らす。砂は膝の深さまであり、常に風によって持ち去られまた新たに積み重なる。明けても暮れても、かなたの水平線を越えて風が吹きわたる。

「バーレジウス曹長は、やっと彼を拾い上げてくれる装甲車群を見ることができた。たそがれの中で、それは奇妙な黒い怪物のように見えた。彼らのいる場所は地図上にマークされているが、コンパスを正確に使用することでやっと発見された。これが、ソラムとカプッツィオの南の地域で敵の近くに配置されたパトロールを発見する、唯一の方法なのである。

「たいくつな仕事だ！　日中は、ゆらめく薄霧を通して観測することが可能な限り、観測が

1両のSd.Kfz.232（8輪）（無線）が先導して、廃墟となったギリシャの村を行く。1941年春の撮影。オリジナルの「パンツァーグレイ」の上に何か淡い色（泥？）を上塗りしたようだが、ほとんど落ちてしまっておりバリアシールドにはまったくリペイントされていない。車体側面にはゴシック体で「ザイトリッツ」の文字が描かれているのがわかる。2両目の車両はSd.Kfz.221軽装甲車で、222より小さい機関銃塔を搭載している。（Bundesarchiv）

続けられる。夜間は耳に頼ることになる。巧い具合に風が吹けば、人声を運んでくる。ときおりはジャッカルや砂漠キツネのほえる声が、ときおりははるかかなたをはい回るイギリス戦車のキャタピラの音が、またときおりは奇妙な鳥の鳴き声が聞こえてくる。

「夜は目が覚めるほどに寒い。日中は雲ひとつない空から、太陽が人と車両を焼き尽くす。車両の鉄板は赤熱するほど熱くなる。うっかり者は翌日には火傷した手を軍医に見てもらうことになる。金属に触れずに、あるいは肌の露出した足にかすらずに車両に乗り込むためには、いくらか練習が必要となる。朝は車両からカンバスを広げて2本のポールで支えて、小さな日陰を作る。

「蠅はひどくたかる。目に見える限り、砂と岩しかないのに、蠅は砂漠でも生きている。蠅から逃れる方法はない。バーレジウスは缶にらくだの糞を詰めて上からガソリンを注ぎ、それから燃え上がる炎に水を加えた。濃い煙りが立ち上がる。蠅は姿を消すが、30分もすると舞い戻ってくる。たったひとつの効果的に逃れる方法は、自然が作り出す砂嵐だけである。その間は炎熱も和らぐが、ゴーグルで目を守り、布で鼻と口の回り、そして車両を覆わなければならない。そうしないと細かい砂は、すべての隙間に入り込んでしまうのだ。

「だれもパトロールをうらやむ者はない。地図にはどこだかの名前が書かれている。白の

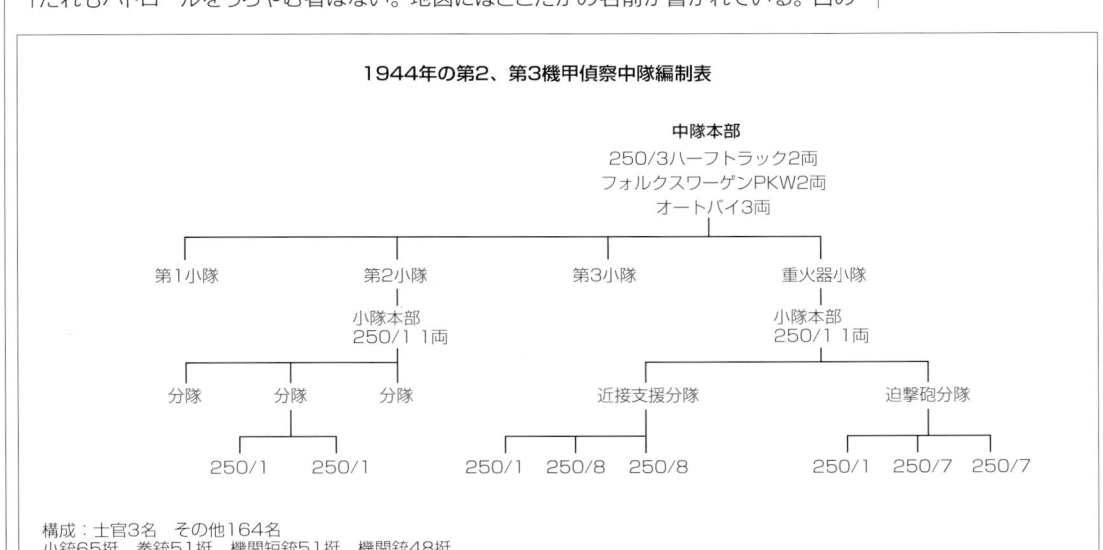

1944年の第2、第3機甲偵察中隊編制表

```
                              中隊本部
                         250/3ハーフトラック2両
                         フォルクスワーゲンPKW2両
                            オートバイ3両
    ┌──────────────┬──────────────┬──────────────┐
  第1小隊          第2小隊          第3小隊        重火器小隊
                   小隊本部                         小隊本部
                  250/1 1両                        250/1 1両
              ┌────┬────┬────┐          ┌────────┐     ┌────────┐
             分隊  分隊  分隊        近接支援分隊     迫撃砲分隊
                   │    │                │   │   │        │   │   │
                 250/1 250/1          250/1 250/8 250/8  250/1 250/7 250/7
```

構成：士官3名　その他164名
小銃65挺　拳銃51挺　機関短銃51挺　機関銃48挺

エリアの真ん中に黒で印刷されているのだ。ここには『村（ビル）』とあるが、ものすごく古い涸れ井戸が深い岩山の奥にあるか、あるいは長らく死んだままの暮らしの目撃者である石の固まりがあるかだ。すべて周りには無限の砂漠が広がる。どこにも何も見えない。平らな地平をいくつも、溝かワジ（涸れ谷）が区切っているが、きつい太陽光線の下では見分けることはできない。

「朝と夕方には空気は澄んで、装甲車は何キロか前に走り出る。そこから注意深く前方を観測し、ときには敵軍に出会うことになる。両者ともにガラスを通して相手を観察する。ときおり彼らは騒々しく交錯し、友好的でないあいさつを交わすと、踵を返して彼らの通常の位置に後退する。これは疑いもなく大切な仕事であるが、ある種退屈で士気を挫くものである。

「バーレジウスは、いまや彼を拾い上げてくれる3両の装甲車に到達し、あいさつを交わした。『常に同じことで、何も起こらない』指揮官はいった。『今朝3両のイギリス戦車が2キロメーター先に現れた。しかしいまは彼らは去ってしまった』。

「『新顔かい』『193地点の我々の古い友人だ。何か郵便はもってきたかい？』バーレジウスはうなずいた。手には包みをもっていた。手紙──アフリカでは最も重要な言葉だ！兵たちはまわりに集まり、彼らにきた手紙や新聞を手に取る。それから大股で歩いて彼らの車両に戻る。彼らは出発前に素早く読み終える。

「『部隊との通信確認』無線手がアナウンスする。『よし、時間だ。他車は我に続け』。

「ヴィルデは本日は204地点、ペグロウはシディ・オマール、ここはシディ・スリマンだ。この古い重なりがどのようにして名高い名前となったかは、神だけが知っている。バーレジウスは彼が204地点に初めて行ったときのことを思い出した。彼はそこを見つけることができなかった。どうしてかは君がそこに行ってそこの広大な眺めを見たときわかるだろう。太陽はこのわびしい廃物をうっとりさせる景色にはしてくれないのだ。

「『コーヒーです。大佐殿！』『ありがとう』それは本物のモカではなかったが、湿っていて冷たかった。昼間の太陽の最後の銀白色光が沈み、大地は再び澄んで際立つ。それからたそがれはなく、光は突然消えて夜になる。それから乗員は車座になりアルター・マン（おいぼれ。イタリアの缶詰）を食べる。このいわしの缶詰はラベルにA・M・と印刷されていた

機甲擲弾兵戦闘団とともに移動するSd.Kfz.250/3指揮車。戦闘団にはより大きないとこのSd.Kfz.251やII号戦車も交じっている。1942年、ロシアで撮影。
（US National Archives）

1943年、クレタの村で治安維持任務にあたるSd.Kfz.232(8輪)(無線)。どうやらそれほど骨の折れる仕事ではなさそうだ。フレームアンテナに代えて、簡単なポールアンテナが立っているのに注目。
(Martin Windrow)

ため、こうしたニックネームがついたのである。アフリカに行った兵士たちは、これを食べた日々を覚えていることだろう。冷たいコーヒーが入った水筒が口にあてられる。常に大量の砂にまみれた旅の後には、飲むことは本当にうれしいことだ。彼らは寝入る前にほんの少し話をする。暖かい夜だ。たった1枚の毛布と、朝露に備えてキャンバス製のテントが必要なだけである。

「1時頃バーレジウスは、誰かに揺すられて目を覚ました。シュナイダーだった。『何かおかしいようです。曹長殿。絶え間なくエンジンが唸る音が聞こえます』。

「バーレジウスはすぐに目を覚ました。兵は、他の装甲車の周りでも目を覚ました。兵士のシルエットが、空をバックに浮かび上がった。全員は即座に音を聞きとめた。あそこだ！ 彼らはそれを実にはっきりと聞いた。遠くのエンジンの唸り、まるで蜂が飛び回るみたいだ。『かなり遠くだ』バーレジウスは大地に飛びつき、膝を着いて耳を地面に近づけた。これは疑う余地はない。『ミヒャエル、出発！　方位43！』。

「バーレジウスは装甲車に飛び乗り、うるさく始動させた。『2キロ行って止めろ——それから緊密に見張りを続けるんだ！』暗闇が彼らを飲み込んだ。コンパスを手に、曹長は空しく周りの暗闇を見透かそうとした。彼らはいまやはっきりと——キーキーいうかん高い音と低いゴロゴロいう音の入り交じる響きを聞いた。『装甲車——らしきもの！』最初の無線通

1944年の第4機甲偵察中隊編制表

中隊本部
250/1ハーフトラック1両
オートバイ4両

突撃工兵小隊	近接支援小隊	迫撃砲小隊
251/5または 250/1ハーフトラック7両 機関銃13挺 個人携行火炎放射器6基	小隊本部250/1 1両 251/9または 250/8 自走75mm L/24 榴弾砲6両	小隊本部250/1 1両 251/2または 250/7 81mm迫撃砲車 6両

構成：士官4名　その他154名

北アフリカでほとんど新品状態で捕獲されたSd.Kfz.233(8輪)75㎜。よい研究材料になる。きちんとしたサンドカラーが全面にスプレーされ、マーキングはナンバープレートのみである。(RAC Tank Museum)

信が送られたのは、0130時（午前1時30分。以下、時刻の表記は同様）であった。『大きなエンジン音が南から南東に。距離10キロメーター』。

「カプツツィオから遠からず、『村(ビル)』の中に大隊本部が置かれていた。大きな岩山の洞窟は温度が変化せず快適で、そこに戦闘指令所が開設されていた。最初の岩穴には連絡兵と無線機操作員が配置されていた。2つ目の岩穴への廊下では、隊長が睡眠をとっていた。副官が彼の前に立った。ろうそくが壁に奇妙な影を落とす。

「『バーレジウスからの連絡です。隊長殿』少佐は寝ぼけながら、用紙を受け取った。『他に何か？　それなら待とう。もし何かあれば、他の者も報告して来ると思う』。

「0215時にヴィルデからの連絡が届いた。『大きなエンジン音が南東から』。

「『そうか、よし！』いまや隊長ははっきり目を覚ました。『師団に知らせろ。他に何か連絡をもらっているか問い合わせるのだ。たぶんハルファヤだろう。それなら我々は何をするか知っている！』。

「従兵はイギリス軍の燃料バケツに水を注いだ。少佐は頭を突っ込んだ。セッケンは泡立たなかった。水はいつもしょっぱかった。それはお茶を飲めば味わうことができる。バーレジウスは0300時に再び無線をよこした。『エンジン音は近づいてくる。おそらく装甲車両』隊長はかすかにうなずいた。『時間だ。記録せよ(トミニー)。英国兵はハルファヤ峠に向かう意図。5月27日の復讐だ（1941年5月27日に、ロンメルは『ブレビディ』作戦中に失われたハルファヤ峠を再占領した）。来るまでには十分な時間があった』。

「0440時、バーレジウスは別の連絡をよこした。『南と南東から敵戦車。北に向かって避退中』ドイツ軍戦線は、もう十分目覚めていた。師団ではロンメルも身をすべらせて、『よし、よし！』といった。

「ゆっくりと明るくなってきた。大気はクリアーになり、ほとんど透明になった。夜明けのグレーの光の中で視界は良好で、バーレジウスはグレイのモンスター達を、ガラスを通してはっきり認めた。全面に渡って彼らは、北西から北へ進み、土埃の雲を蹴立てていた。『装軌車両は装甲化されています、曹長殿！』バーレジウスはすでにそれに気づいていた。装軌車のぶ厚い装甲はマチルダであることを示していた。奇怪な姿で80㎜もの装甲板をもつ。撃ち破るのは簡単ではない。『時間だ』バーレジウスは手を挙げた。エンジンが息を吹き返し、高速で機動力の高い偵察車が走りだした。『方角〜206地点！』。

「0500時、彼らはヴィルデのパトロール隊に出くわした。バーレジウスは再び無線を送る。『10両の敵戦車、206地点（この地点で装甲車は機甲猟兵部隊に合流する。猟兵はマチ

ルダ中隊との交戦で若干の損害を被り、撤退したもので数的に大きく劣勢にあった)の南4キロメーター!』。

「バーレジウスはこの対戦中、ぼうっとしていたわけではない。彼は偵察を続け、400mで敵をかわし、前進中の詳細を報告し続けた。もっともっとたくさんの敵戦車が出現した。206地点の左右を本当にたくさんの戦車が通り過ぎた。機甲猟兵とオートバイ兵はどこからも現れない。すでに交戦を止め撤退したのだ。バーレジウスにとっては、彼が無傷で戻れるチャンスはほとんどなかった。しかし彼はそれをやり遂げた。短い会敵の後、彼はそのまま敵戦車の鼻先を擦り抜けて走り去った。彼らは猛烈に撃ちかけてきた。彼らの弾丸は3両の装甲車を貫いたが、彼らは損害を受けずに最終的に部隊に再度加わることができた。バーレジウス曹長は、大作戦の口火を切ったのである(軍服に興味をお持ちの読者であれば、オスプレイ社のメン・アット・アームズシリーズ『The Panzer Divisions＝戦車師団』に掲載されている第33偵察大隊のバーレジウス曹長の写真をもとにしたカラーイラストを参照のこと)」

ドイツ装甲車の監視所によって得られた早期警報によって、ウェーベルの部隊の奇襲効果はすべて失われ、枢軸軍部隊はこの攻撃に完全に備えることができた。緒戦に被った甚大な損害と、その後の混乱と誤認ですべてのイギリス軍参加部隊は後退し、その結果ウェーベルとその他の高官は更迭された。

ドイツ軍の反応が勝利をもたらしたことは完全に理解できるが、それはそうとしても読者は「バトル・アクス」作戦を大作戦と記述するのはためらわれるだろう。そうではなくてこの記事では、偵察部隊員の生活のエッセンス、長期にわたる孤独、退屈、不快、ずっと続く監視活動、そしてそれに続く短く区切られた期間の激しく恐怖に満ちた活動、を伝えたかったのである。これはまた、良好な連絡の永続的な重要性、短く明らかで正確な伝達の必要性、大隊本部による接触報告の注意深い評価などを示している。とりわけこれは、偵察部隊は軍の目であり耳である、という古い金言を証明している。彼らがいなければ、いかなる司令官も、戦争という霧の中で盲目となり手探りのまま放置されるのである。

偵察小隊はしばしば砲兵観測士官として活動した。ここに見られる車両は、1940年のフランス戦役中に撮影されたもので、Sd.Kfz.251/18砲兵観測ハーフトラックである。戦術マークは、第1戦車師団と第1自動車化ライフル連隊第7中隊のもので、後者が本車を砲兵観測車の任務にあてたわけである。上部構造物は、砲兵観測用の地図とボードを広げる広いスペースを確保するため改造されている。車列には当時フランス戦役に参加したごく少数の突撃砲中隊のひとつが続行している。
(US National Archives)

かなり破損した状態で捕獲されたプーマを斜め後方から見る。塗装は標準のダークイエローに、グリーンとブラウンがまだらに吹き付けられている。このようにはっきりと白と黒でターレットナンバーと国籍マークが砲塔に描かれているのは、通常の装甲車のやり方ではない。というのはこれではほとんど隠蔽できないからだ。砲塔後部の書き込みは、この車体が連合軍当局の評価のため、後方へ輸送中であることを示している。
（RAC Tank Museum）

その他の任務
Other Roles

　機甲偵察部隊の主要任務は情報を得ることで、戦闘せずにそれを得られる方が好ましいということが強調されたが、戦争の後半期には全体的な作戦性向は変化を遂げた。そのころまでにドイツ軍は戦略的防勢の立場に追い込まれ、それゆえ大規模攻勢作戦に必要な縦深偵察の必要性は減少していた。代わって、とくに東部戦線では、限られた部隊しかもたない司令官は、彼の手元にある部隊はなんでもかき集めて、その場その場の戦闘団を編成しなければならなかった。その結果機甲偵察部隊もますます戦闘任務に巻き込まれるようになった。イタリアでもまた、地形は機械化戦闘に不向きであり、ときには彼ら自身が前線の戦区に配員されることになった。一方西部戦線では、連合軍の航空戦力が空を支配しており、彼らの活動はかなり制限されたものとなり、異常な状況で活動しなければならなかった。短い例を3つあげよう。

　1943年1月、ロシアにおけるドイツ軍の運命は、引き潮のひとつの節目を迎えていた。第6軍と第4戦車軍の一部はスターリングラードで孤立し、何よりも優先されたのは同様の包囲を避けるため、コーカサスからA軍集団が撤退するための回廊を開いておくことであった。

　回廊を開ける任務に従事した部隊のひとつが、戦術的、作戦的に機械化戦闘に習熟したヘルマン・バルク少将に率いられた第11戦車師団であった。1月の4週間の間、ロシア軍は、コーカサスからの部隊のほとんどが流れこんでいたロストフからわずか32kmのマニチ川とドン川の合流点の村、マヌチスカヤに橋頭堡を確保した。それゆえ橋頭堡を除去することが最重要であったが、24日の探り撃ちの結果、敵は塹壕を掘り戦車を村の南半の家屋の中に隠していて、発見、対処が困難なことが明らかになった。

　バルクは翌日北方から、煙幕でカバーして偵察部隊の装甲車とハーフトラックを使用し

ボーヴィントンのRACタンクミュージアムに展示されているSd.Kfz.234/4装甲偵察車75mm PaK40 L/48。サスペンションのディテールと車体のモノコック構造がわかるように、泥よけと側面雑具箱は取り外されている。上部構造物の装甲板で、後部操縦席の側面視察孔はふさがれてしまっている。(RAC Tank Museum)

て戦車による攻撃を偽装し、ソ連軍を追い立てることに決めた。これは思ったような結果をもたらし、ソ連戦車が動き出すと、煙幕を撃ち続けた1個中隊を除いた師団砲兵は、村の南部に予め評定しておいた着弾点への集中射撃を行った。これに乗じて師団の戦車連隊が突撃し、1時間の激しい戦闘で敵を撃破した。生き残った敵防衛部隊は逃げ出したが、機甲擲弾兵が追いかけて撃ち倒した。ロシア軍は500名以上を失い、加えて20両の戦車が破壊された。ドイツ軍の損害は1名が戦死し、14名が負傷したただけだった。

　1943年9月、西側連合軍はイタリア西岸のサレルノ湾に上陸した。上陸地点の一番近くにいたのは、第16戦車師団であった。彼らはスターリングラードの戦いでほとんど壊滅したが、フランスで補充され再び完全戦力となっていた。師団の主力が海岸堡を阻止するため前進する一方で、第16機甲偵察大隊は湾を見わたす高地に監視所を設け、上陸の進展を監視して次々と報告を送り届け、ドイツ軍司令官がこれに対処することを可能にした。

　その任務は上陸と同時に生じたイタリアの降伏によって複雑なものになった。これによって戦力が減少したが、さらに暗号が発せられて大隊は戦力の一部を隣接するイタリア軍部隊の武装解除にあてなければならなかった。しかし武装解除自体は、たいした問題もなく実行された。昔の同盟国軍兵士は、ほとんどが平服に着替え、自宅に帰ることを喜んだのである。

　海軍の艦砲射撃によって、最終的に偵察チームは監視所を引き払い内陸部に移ることを強いられた。しかしここでも、彼らは撒き散らされるアメリカ軍の多数の爆弾に追いかけられながら、その任務を遂行したのである。とりわけ第16機甲偵察大隊は、初期の危険な時期の実に激しい戦いとなった、ドイツ軍の海岸堡攻撃に大きな役割を果たした。

　にもかかわらず機甲偵察大隊の戦闘任務への展開は、どこでもうまくいったというわけではない。1年後アーンヘムでは、(町のライン川支流にかかる)道路橋の北端がイギリス軍のジョン・フロスト中佐指揮下の空挺連隊第2大隊およびその他の部隊によって占領された(訳注43)。その結果、SS第II戦車軍の作戦が影響を受けた。ちょうどそのとき戦車軍は、その南のナイメーゲンの連合軍部隊と戦っていたのである。

　9月17日夕方日没後、4両の非装甲のトラックに乗った歩兵による南からの反撃で、橋

訳注43：1944年9月の、いわゆるマーケット・ガーデン作戦によるもの。この作戦はモントゴメリー発案で、大規模空挺部隊の降下に呼応して機甲部隊が戦線を突破し、一挙にオランダの解放を目指した作戦だったが、最終的にアーンヘムの橋まで到達できず失敗に終わった。

を開放する突破が試みられた。フロストの部隊員は、橋の北側接近路を見わたすことができる建物の上階に立てこもっており、その結果は予想通りのものとなった。トラックは近くをさまよったあげく、上部を吹き飛ばされ燃え上がった。生き残った兵も戦いをあきらめ、戦闘はすぐにおさまった。

　橋の再占領はいまや最大限の重要性をもつことになった。フロストの周辺は北、東、西からの絶え間ない攻撃にさらされた。さらに9月18日の朝には、南から橋への急襲が再度試みられた。先鋒となったのは、パウル・グラバーSS大尉の指揮するSS第9機甲偵察大隊（SS第9戦車師団「ホーヘンシュタウフェン」）であった。

　0930時、5両の装甲車が砲を発射しながら橋を攻撃した。彼らは巧みに車を扱い、前の日のまだくすぶっているトラックを避けて前進したが、空挺隊員の敷設した対戦車地雷のひとつは避け切れなかった。橋の北側傾斜路はふさがれ、しばらく彼らはそれ以上攻撃してこなかった。

　その後主攻撃が開始された。ハーフトラックともっと多くの装甲車、土嚢で守って歩兵を乗せたトラックに徒歩の歩兵が続き、前進しながら撃ちかけてきた。いまや空挺隊員は最初の驚きから立ち直り、先導車両が傾斜路の入口に差しかかると、彼らの手元にあるすべての火器、対戦車砲、PIAT（訳注44）、自動火器、ライフル、手榴弾、ありとあらゆるものの火ぶたを切った。先頭を行く2両のハーフトラックは停止し、車上のすべての人員は戦死した。3両目の負傷した操縦手はパニックに陥り、バックして速度を出して、後方から続いた別のハーフトラックに突っ込んだ。2両はいっしょに絡み合い、傾斜路をうごめき砲火に捕らえられた。隊列の残りは砲火を冒して進路を切り開こうとしたが、混乱を増しただ

東部戦線で撤退しようとするドイツ軍を写した、非常に興味深い一葉。村の破壊は作戦を隠蔽する煙幕を作り出すだけでなく、赤軍による使用を防ぐためである。37mm対戦車砲チームは彼らの使用火器を、装甲車両の影に隠れた「最後に逃れる」牽引車両に、手でひっぱって取り付けようとしている。装甲車は捕獲されたロシア軍のBA-10であろう（＊）。本車にはいくつかのバリエーションがある。一般的に少数がドイツ軍で使用された。この車両にはドイツ軍の国籍マークとゴチック字体で「ヤグアル」と書かれている。
(Martin Windrow)
（＊訳注：BA-10は6輪で、写真の車体は4輪のBA-20であろう）

訳注44：英軍の歩兵用対戦車兵器。成形炸薬弾をロケット推進ではなくて強力なスプリングで打ち出す方式。

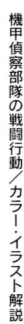

大型のSd.Kfz.251/4砲兵牽引車が、75mm M18軽歩兵砲の牽引に使用されている。同砲は、機甲偵察大隊の軽砲小隊に配備されていた。
(US National Archives)

けだった。コントロールを失った、1、2両の車両が傾斜路の壁にたたきつけられ、壁を破って下の道路に転落した。

　残骸に身を隠しながら、攻撃側は戦い続けた。空挺部隊の迫撃砲小隊が騒ぎに加わり、さらに第1空挺師団の75mmパックホイツァーも、オースターベークから橋の前線観測員の指示で砲撃を開始した。攻撃開始から2時間後、SS隊員は打ち破られ逃げ出して、空挺隊員の嘲笑を浴びた。すべての実際的な意味で、SS第9機甲偵察大隊は一掃された。特攻精神でこの攻撃を率いた指揮官は、いまやその体を橋の上に横たえていた。

左と右頁●SS第9機甲偵察大隊の最期。1944年9月18日、空襲後アーンヘム道路橋北側を撮影した2葉の空中写真には、この大隊の装甲車、ハーフトラック、その他車両の残骸がはっきり示されている。
(Imperial War Museum)

カラー・イラスト解説 The Plates

（カラー・イラストは25-32頁に掲載）

A1
Sd.Kfz.232重装甲偵察車（6輪）（無線） 部隊不明 1937年または1938年のドイツ軍演習

この車両は標準型6輪重装甲車——Sd.Kfz.231（6輪）の無線車バージョンである。イラストでは、重たい「ベッド枠」を車体に取り付ける方法がわかりやすく描かれている。2つの固定ブラケットで車体に取り付けられ、突き出したアームの旋回式のセンターピボットを介して砲塔に取り付けられており、これによって砲塔の旋回が可能になっている。車体は1935～1939年のパンツァーグレイに不規則にブラウンが吹き付けられている。マークは描かれていないが、白と赤のペナントは軍司令部直属で作戦する部隊の本部車両であることを示している。だから前に立った野戦憲兵が、いやに気取ったかっこうをしているのだろう。彼は乗員に指示することを楽しんでいるかのようだ。

A2
Sd.Kfz.13偵察車 部隊不明 ポーランド 1939年

見ての通り「風呂桶」として知られる本車は、1933年に騎兵部隊に配備されたが、第二次世界大戦勃発時には歩兵師団偵察大隊重中隊に再配備された。この例では全面パンツァーグレイに仕上げられており、ポーランド戦役中に使用されたはっきりとした白色の国籍マークが描かれている。同じく泥よけには偵察中隊のシンボルが白で描かれており（囲み）、その上には司令部のペナントの枠組が見える。ナンバープレートは泥で塗り固められているようだが、おそらく意図したものではないだろう。しかしヘッドライトは反射を防ぐために覆われている。

B1
Sd.Kfz.222装甲偵察車 SS機甲偵察大隊「ライプシュタンダルテ・アードルフ・ヒットラー」（LSSAH） ギリシャ 1941年

この車体はパンツァーグレイで仕上げられているが、薄い泥で厚いコーティングが施されている。車体後部に白で、盾に入った鍵のLSSAHの部隊マークが描かれており、砲塔下部の車体側面には、黒のゴチック文字で「ヴァルター・シュルツ」と描かれている。これはおそらく戦死した戦友を追悼したものであろう。外部装具には洗面器と丸められた毛布が見え、カモフラージュネットは、車体の前部に各種の個人装備を取り付けるためにうまく使われている。囲みの中は、大隊オートバイ機関銃中隊の第1小隊の戦術記号である。

B2
Sd.Kfz.232重装甲偵察車（8輪） SS機甲偵察大隊「ライプシュタンダルテ・アードルフ・ヒットラー」 ギリシャ 1941年

この車体はグレイ一色仕上げで、白縁付の黒の国籍マークが際立っている。白の戦術マークは、本車が機甲偵察大隊第

1中隊に所属していることを示している。白に黒で縁どられたSSのナンバープレートにも注目。前面シールドの後方のスペースは、雑具収容スペースとして使用されている。なかにはドイツでは、イギリスにおける山高帽のようにポピュラーなジャバラ式のブリーフケースなどのような追加装具も含まれている。囲みは中隊戦術マークと、大隊本部通信小隊を意味している。

C1
Sd.Kfz.222装甲偵察車　第5軽師団
アフリカ軍団　リビア　1941年

吹きつける砂の激しい作用で、上塗りされたサンド色は摩滅してしまい、オリジナルのパンツァーグレイの塗装が、とくに砲塔では透けて見えている。車体後部の小部分は上塗りされておらず、そこには白縁だけの国籍マークが残されている。車体内部はオリジナルのままのパンツァーグレイが残っていることが、開いた側面ハッチから見える。枠だけの司令部ペナント取り付け部から、この車両が師団司令部で使用されていることがわかる。

C2
Sd.Kfz.263指揮車(8輪)　第5軽師団
アフリカ軍団　リビア　1941年

ここでもサンドの上塗りが摩滅してしまい、この程度まで下地のグレイ塗装が透き通って見えている。マーキングが見えるようにするために、2カ所が塗装されずに残されている。ひとつ目は前で、アフリカ軍団のヤシの木が白で描かれ、もうひとつは後部で、この車体のもともとの持ち主の、第3戦車師団のマークが白で描かれている。軍のナンバープレートは、オリジナルは白に細い黒縁であったが、泥がこびりついて見えにくくなっている。赤地に白円のカギ十字が描かれたスタンダードの対空識別旗が、フレームアンテナにくくりつけられている。

D
Sd.Kfz.234/4重装甲偵察車

この車体は、戦闘室中央にピボット式マウントを設けて、車輪を取り外した75mm PaK40対戦車砲をそのまま搭載している。これによって本車は装輪式戦車駆逐車となったが、可能な旋回範囲が限られていたため、武器の完全な使用は制限されていた。車体と砲塔の前面装甲厚は30mm、砲塔側面および後面装甲厚は14.5mm、車体側面装甲厚は8mm、後面装甲厚は10mmであった。

E1
Sd.Kfz.250/3無線ハーフトラック「グライフ」　トブルク占領時にロンメルの指揮車両として使用された車両　1942年6月

この例ではサンドの上塗りは縦の帯状に風化している。それはとくに車体側面で顕著である。側面上には「グライフ」(グリフィン)の名前が白縁だけで描かれているが、反対側は白縁付きの赤で描かれていることが知られている。陸軍シリアルナンバーの「WH (Wehrmacht Heer＝国防軍陸軍) 937 836」が、後部のフェンダー上に見える。

E2
Sd.Kfz.261小型装甲無線車　部隊不明
アフリカ軍団　リビア　1942年

この無線車は4人乗りだが、非常に狭苦しい状態で使われているようだ。車内には個人装備品が山と積まれほとんど足

の踏み場もなく、その結果エンジン室上に腰掛けなければならなくなったようだ。防水布は監視任務のときに、日陰を作るために使用されるもので、兵員室の前方に折り畳まれている。燃料用のジェリ缶が、車体前部のラックに積まれ、さらに水か潤滑油が入ったジェリ缶が、側面装甲板にくくりつけられている。水筒と雑嚢が兵員室の側面につるされている。車体は全面サンドに塗られていて、摩滅の跡は見られない。マーキングも見当たらない。

F1
Sd.Kfz.250/10自走37mm対戦車砲
「グロースドイッチュラント」（GD）機甲偵察大隊
ロシア　1943年春

　この車両が機甲偵察大隊までゆきわたるとは珍しいが、「グロースドイッチュラント」は特別扱いされた部隊だったから、割り当てられたのであろう。ベースとなるカラーはパンツァーグレイで、車体前面に白で師団のヘルメットのシンボルマークと機甲偵察中隊のシンボルが描かれている。車体下半部分に

左頁●ドラマチックな東部戦線の写真。激しく燃える穀物畑の脇を通り抜ける、Sd.Kfz.251/1を装備した偵察部隊。(RAC Tank Museum)

右上●1942年秋、レニングラード周辺で市街戦を演じるSd.Kfz.253ハーフトラック。この「軽装甲観測車」バージョンは、車体上部に天井がある。分割された円形ハッチが開いて、MG34射手に使用されている様子に注目。近接戦闘の可能性があることは、乗員のすぐ手の届くところにMP40とロシアのPPSh41短機関銃が置かれていることからわかる。(Martin Windrow)

右下●第33偵察大隊のバーレジウス曹長と仲間たちが勤務していたのと同種の、砂漠の監視哨。車両はSd.Kfz.222 4両に232（8輪）1両である。景色は彼らの任務のものすごい単調さを、よく伝えてくれる。(Bundesarchiv)

は別のマークが描かれているが、これは「GD」車両に特別のものである。おそらく「グロースドイッチュラント」が、ムーズ川橋頭堡から突破に際して、第3戦車師団との防衛戦闘を行った、セダン近くのストアメの水道タワーを模して記号化したものであろう。

F2
Sd.Kfz.221装甲偵察車　部隊不明　ロシア
1941～1942年冬

　1941年秋の長雨と1942年春の雪解けの間中、東部戦線ではいかなる種類の装輪車両も、その行動は不可能ではないものの困難であった。その間の地上が堅く凍った時期にはある程度の機動が可能であり、装甲車は北極圏でさえ監視任務が遂行可能であった。

G1
Sd.Kfz.250/3無線ハーフトラック　部隊不明
クライスト戦車集団　ロシア　1943年晩夏

　この車両の全体のカラースキムは、ダークイエローに白のマーキングである。マークは兵員室の前面の枠だけの国籍マークと、傑出した「K」(クライスト)戦闘集団マークに加えて、本車が所属している機甲擲弾兵連隊司令部の戦術マークである。

G2
Sd.Kfz.232重装甲偵察車(8輪)　第115機甲偵察大隊
イタリア　1944年

　第15戦車師団はチュニジアでの敗北を辛くも逃れた、第15戦車師団の生き残りを集めて1943年5月に編成された。同師団は1944年9月までイタリアで戦い、西部戦線に移動した。マーキングは何も見えないが、本車は師団の機甲偵察大隊の第115機甲偵察大隊所属であることが知られている。イタリアの動きのない戦闘状況では隠蔽がとても重要であり、車体は全体のダークイエロー塗装の上に、全体的にグリーンとダークブラウンの斑点が散りばめられていて、木漏れ日の様子を再現している。

左頁上●欺瞞はいろいろな方法が取られるが、これは最も普通でない方法であろう。敵の監察員が遠くから道路を眺めたら、見たところ無害な民間車が、車体を沈めたハーフトラックを覆い隠したように見えるだろうか。このSd.Kfz.250/1は1943年にイタリアで撮影されたもので、全面ダークイエローにグリーンとブラウンの斑点が吹き付けられている。(Bundesarchiv)

左頁下●派遣されたオートバイ兵が、停止した偵察中隊に追いついた。彼のもってきたニュースは、隊員にはあまりうれしくなかったようだ。状態は悪いが非常に興味深い写真で、手前に見えるのはSd.Kfz.253である。天井のハッチと後部車体の、黒〜白〜黒という標準的でない国籍マークを含むマーキングに注目。何人かの兵は、襟の記章に髑髏(どくろ)のマークのついたフィールドグレイの車両用ユニフォームを着込んでいる。(RAC Tank Museum)

右頁上と下●1942年リビア、戦車師団本部の偵察部隊の2葉。車両Sd.Kfz.250/1ハーフトラックと223装甲車。後車はフレームアンテナが折り畳まれているが、対手榴弾グリルに注目。この小型機関銃塔上のものは、222のものより小さい。荷物には大きなイギリス軍の'37ウェビングパックまである。(Bundesarchiv)

◎訳者紹介

齋木伸生（さいきのぶお）
1960年東京都生まれ。早稲田大学政治経済学部卒業、同大学院法学研究科修士課程修了、博士課程修了。経済学士、法学修士。戦史や安全保障の問題に興味をもち、国際関係論を研究。研究上はフィンランド関係と、フィンランドの安全保障政策が専門。陸海空の軍事・兵器関係、特に戦車に精通。著書に『ソ連戦車軍団』（並木書房）、『タンクバトル(I)(II)』『ドイツ戦車発達史』（光人社）、『欧州火薬庫潜入レポート』『世界の無名戦車』『世界の軍事要塞』（三修社）ほか、共著に『世界のPKO部隊』『NATO』（三修社）、訳書に『IV号中戦車 1936-1945』『38式軽駆逐戦車 ヘッツァー 1944-1945』『III号突撃砲長砲身型 & IV号突撃砲 1942-1945』『ドイツ軍軽戦車 1932-1942』（大日本絵画）がある。また、『軍事研究』（ジャパンミリタリーレビュー）、『PANZER』（アルゴノート社）、『丸』（潮書房）、『アーマーモデリング』（大日本絵画）などの専門誌に多数寄稿。

オスプレイ・ミリタリー・シリーズ
世界の戦車イラストレイテッド **20**

ドイツ軍装甲車両と偵察用ハーフトラック 1939-1945

発行日	2003年4月10日　初版第1刷
著者	ブライアン・ペレット
訳者	齋木伸生
発行者	小川光二
発行所	株式会社大日本絵画 〒101-0054 東京都千代田区神田錦町1丁目7番地 電話:03-3294-7861　http://www.kaiga.co.jp
編集	株式会社アートボックス
装幀・デザイン	関口八重子
印刷/製本	大日本印刷株式会社

©1999 Osprey Publishing Limited
Printed in Japan
ISBN4-499-22803-4　C0076

German Armoured Cars
and Reconnaissance Half-Tracks 1939–45
Bryan Perrett

First published in Great Britain in 1999,
by Osprey Publishing Ltd, Elms Court,
Chapel Way, Botley,
Oxford, OX2 9LP. All rights reserved.
Japanese language translation
©2003 Dainippon Kaiga Co.,Ltd.

ACKNOWLEDGEMENTS
The author wishes to express his thanks to Oberst a.D. Helmut Ritgen and to Oberst a.D. Fabian von Bonin von Ostau for their most generous advice and assistance.